COMMENT DÉCHAINER VOTRE CERVEAU

dans un univers hyperconnecté et multitâche

Theo Compernolle

L'édition condensée de
BrainChains

Les avis des lecteurs de BrainChains

★★★★☆ on Amazon.com

★★★★★ on Amazon.co.uk

★★★★☆ on Amazon.cn

Un ouvrage sensationnel, regroupant les travaux de recherche les plus pertinents et les plus récents en un « Mode d'emploi de votre cerveau » ! Les nouvelles technologies sont-elles plutôt exploitées comme un instrument positif ou comme un moyen de nous plonger dans l'engourdissement et l'abrutissement ? Entre les deux, la frontière est ténue, et Theo la délimite avec brio. À lire à vos risques et périls !

David Allen

Un excellent ouvrage sur la productivité. Si vous avez lu *S'organiser pour réussir* de David Allen (titre original : *Getting Things Done*), ce livre favorisera la compréhension du système dans son intégralité et nous aidera à comprendre la véritable raison de nos actes. L'œuvre de Theo Compernolle repose sur des recherches scientifiques et étaie ses arguments avec style. S'il fallait tirer un seul enseignement de « BrainChains », ce serait : « N'utilisez pas votre téléphone au volant ».

Addo General Mrch

Je me réjouis vraiment d'avoir mis la main sur cet ouvrage. Oubliez tous les autres livres d'affaires, astuces et théories communes : VOICI le livre qui vous permettra de vous écarter du troupeau et qu'il faudrait lire en priorité. Je garderai ce livre sur mon bureau, et non dans ma bibliothèque, en guise de rappel constant.

Anonyme

En deux mots : un ouvrage épatant. J'ai adoré le lire. L'auteur sait parfaitement comment exposer ce sujet ouvertement et de manière très compréhensible. Je porte désormais un regard différent sur mon PC portable. À lire absolument !

4bozzza

C'est le genre de livre qui a un réel impact sur vos habitudes... Du moins, ce fut mon cas et c'est selon moi, la plus grande valeur qu'un livre puisse avoir...

Joanne

... Un livre qui se dévore... qui devrait à mon sens être lu par tout membre d'un univers « connecté ».

Dave Scott, PDG

Une super expérience. Une documentation approfondie. Une lecture accessible sur des sujets « scientifiques ». Du pur professionnalisme. J'apprécie le style et l'art de communiquer de l'auteur. Félicitations ! Un excellent investissement.

Jean-Paul Antonus

Un plaidoyer convaincant, méticuleusement documenté et habilement illustré contre la double tyrannie de l'hyperconnectivité et du multitasking... Tout en exposant comment nous en libérer.

Nélida et Jorge Colapinto

Le Cerveau – est plus spacieux que le Cie l–
Car – Mettez-les côte à côte –
L'un sans peine contient l'autre –
Et Vous – de surcroît –
Le Cerveau est plus profond que la mer –
Car – tenez-les – Bleu contre Bleu –
L'un absorbe l'autre – comme l'Eponge –
L'eau du Seau –

Emily Dickinson

Il y a du temps assez pour tout dans la journée, si vous ne faites qu'une chose à la fois ; mais une année entière ne vous suffira pas si vous voulez mener deux choses ensemble.

Cette attention ferme et suivie à un seul objet est la marque infaillible d'un génie supérieur ; comme l'embarras, la confusion et l'agitation sont les symptômes certains d'un esprit faible et frivole.

Lord Chesterfield

Ce n'est pas que je suis si intelligent, c'est que je reste plus longtemps avec les problèmes.

Albert Einstein

Ainsi un grand esprit, dès qu'il est interrompu, troublé, distrait, détourné de sa voie, ne peut désormais rien de plus qu'un esprit ordinaire ; car, ce qui fait la supériorité du génie est qu'il concentre toutes ses forces, comme un miroir concave tous ses rayons, sur un seul point et un seul objet

Arthur Schopenhauer

COMMENT DÉCHAÎNER VOTRE CERVEAU

dans un univers
hyperconnecté et multitâche

par Prof. Dr. Theo Compernolle

L'ÉDITION CONDENSÉE DE **BRAINCHAINS**

Compublications 2017

ILLUSTRATIONS : Huw Aaron (contact@huwaaron.com)

DESIGN: Ivan Stojić (stojagrozny@gmail.com)

Traduction corrigée par Elena Truuts : (www.elenatruuts.com)

Le dessin de l'espace cognitive des ados
est une idée de Serge Diekstra

Pour en savoir plus : **www.brainchains.info**

N'hésitez pas à nous envoyer vos réactions, vos
commentaires, vos corrections ou vos questions à l'adresse :
comments@brainchains.info

Abréviations proposées par l'auteur:

TIC : *Technologies de l'information et de la communication.* Les matériels et logiciels que l'on utilise pour la recherche et la diffusion de l'information, tels que son smartphone, sa tablette, son ordinateur, sa messagerie électronique, son navigateur, les réseaux sociaux, etc.

ECP : *État de connexion permanente* (ECP) à Internet ; le fait de vérifier constamment ses courriels, ses messages, ses messages vocaux, les actualités, les réseaux sociaux via son téléphone, sa tablette, son ordinateur, etc.

Table de matières

À propos de l'auteur

Titulaire d'un doctorat en médecine et en sciences, le Prof. Dr. Théo Compernolle a été professeur à l'École de commerce Solvay (Bruxelles) et à la Vrije Universiteit (Amsterdam). Il a été professeur adjoint à l'INSEAD (Fontainebleau), ainsi que professeur invité au sein d'écoles de commerce en Belgique et aux Pays Bas.

Il est actuellement professeur adjoint au Centre Européen d'Education Permanente (CEDEP) à (Fontainebleau).

Grâce à son expérience de plusieurs dizaines d'années, ce chercheur, docteur en médecine et neuropsychiatre est capable d'intégrer des données de plusieurs domaines scientifiques. Pour le présent ouvrage, il a étudié un corpus constitué de plus de 600 publications.

Conférencier et formateur pour des publics variés venant de différents contextes éducatifs et professionnels, il sait transmettre ses connaissances et partager ses savoir-faire d'une façon simple, pratique et fort appréciée.

Il est consultant, formateur et coach pour les professionnels et les cadres. Il est sollicité par un grand nombre de sociétés multinationales et d'écoles de commerce réparties sur quatre continents.

Il est l'auteur de plusieurs bestsellers de non-fiction écrits en néerlandais ou en anglais.

Rendez-vous sur **www.compernolle.com**

Introduction

Le présent ouvrage est une version condensée de mon livre anglais : Chaînes Cérébrales. Découvrez votre cerveau pour déchaîner son plein potentiel dans un monde hyperconnecté (*BrainChains. Discover your brain and unleash its full potential in a hyperconnected world*).

Pourquoi cette idée de vous proposer une synthèse de mon livre ?

Lorsque *BrainChains* est devenu un best-seller, j'ai découvert un curieux paradoxe.

Dans ce livre, j'explique comment rendre possible une meilleure synergie entre votre cerveau brillant et les nouvelles Technologies de l'Information et de la Communication (TIC) d'aujourd'hui qui nous épatent tant, pour que votre productivité intellectuelle ne cesse d'augmenter. Or, les personnes qui avaient le plus besoin de mon livre pour améliorer leur productivité et développer leur créativité n'avaient pas le temps de le lire dans sa version exhaustive, alors que j'y parle justement des moyens qui pourraient permettre d'exploiter beaucoup mieux les ressources de notre cerveau.

La connaissance des points forts et des points faibles du cerveau humain vous permettra de faire en sorte que votre cerveau et les TIC agissent en synergie. Par conséquent, vous augmenterez considérablement votre productivité et votre créativité, en moins de temps et avec moins de stress.

Mon objectif secret est de vous orienter vers une application pratique des connaissances que vous puiserez dans cet ouvrage de synthèse. Ainsi, vous deviendrez plus productifs et, de ce fait, vous libérerez du temps pour lire davantage, que ce soit dans le but d'approfondir vos connaissances sur un sujet important, pour votre épanouissement personnel ou par simple plaisir.

Bonne chance !

Theo Compernolle

Votre avenir dépend de la synergie entre votre cerveau et les technologies que vous utilisez

Quel est VOTRE OUTIL LE PLUS IMPORTANT pour atteindre la réussite professionnelle ?

Les technologies de la communication modernes que nous utilisons constituent une incroyable source d'information. Toutefois, « information » n'est pas synonyme de « connaissance ». La connaissance, la sagacité, la lucidité et la créativité nous demandent des efforts, de l'attention et de la concentration. De façon continue, nous sommes amenés à chercher des informations pertinentes et à les traiter. L'information est omniprésente et souvent gratuite, tandis que la réflexion devient une denrée rare et précieuse.

Lors de mes ateliers et mes présentations, quand je demande à des professionnels quel est leur outil le plus précieux pour atteindre la réussite professionnelle, 99 % d'entre eux, quel que soit le lieu où ils vivent et travaillent, me répondent : « Mon cerveau.» Je leur pose alors les questions suivantes : « Que savez-vous sur votre cerveau? Savez-vous comment mieux l'exploiter ? » Dans la plupart des cas, on me répond : « Rien. » Ou encore, on évoque quelques «légendes urbaines» et sans aucun fondement scientifique, comme celle par exemple qui nous conseille de boire 2,7 litres d'eau.

Ainsi, en ignorant comment votre cerveau fonctionne, vous risquez de ne pas exploiter pleinement le potentiel inégalé d'une alliance productive entre votre cerveau et les TIC. Or, cela pourrait améliorer votre créativité, votre bien-être et votre prospérité.

Dans cette version condensée de BrainChains, j'aborde les points essentiels du « mode d'emploi » de votre cerveau. J'explique, par exemple :

- comment l'état de connexion permanente (ECP) gâche votre productivité intellectuelle et pourquoi,
- pourquoi l'activité multitâche exige quatre à dix fois plus de temps, alors que le résultat est significativement pire et moins créatif,
- comment la partie de votre cerveau qui archive l'information fonctionne pendant vos pauses ou votre sommeil.

Et bien plus encore.

Les « travailleurs cérébraux » : MAÎTRES, et non pas esclaves des TIC !

Les machines et les robots ont remplacé le travail manuel. Nos tâches intellectuelles sont de plus en plus prises en charge par les ordinateurs. Aux individus, il ne reste que le travail nécessitant les compétences humaines les plus élaborées du point de vue intellectuel et social.

Tous les employés peuvent désormais être considérés comme des **« travailleurs cérébraux »** ! Je n'emploie pas l'expression « travailleurs du savoir » parce qu'elle exclut en général les opérateurs et les travailleurs administratifs qui sont eux aussi des travailleurs du cerveau. Avoir un bon cerveau, savoir comment l'utiliser de manière efficace et efficiente, développer les compétences sociales permettant de se connecter aux autres travailleurs du cerveau – voici les principaux facteurs de votre réussite.

Vous pouvez utiliser les TIC de deux manières : en tant que professionnel accompli ou en tant que consommateur systématiquement connecté.

Si vous le faites comme un travailleur intellectuel accompli, **c'est vous qui utilisez les TIC** en accordant une attention exclusive à la recherche, au traitement, à la production et à la création des informations pertinentes. **C'est vous qui décidez** ce que vous faites et pourquoi vous le faites, c'est vous qui choisissez le bon moment et définissez la durée de vos actions. Cela contribue à **votre réussite**.

À l'inverse, si vous agissez en consommateur connecté en permanence, ce sont **vos TIC qui vous utilisent** en captant votre attention, sans but ni effort, en vous submergeant sous un flux intarissable d'informations intéressantes mais dépourvues de pertinence. **Vos TIC décident** pour vous ce que vous faites et pourquoi vous le faites. Elles choisissent le moment et définissent la durée de vos actions. En plus, les sociétés spécialisées dans les nouvelles technologies développent sournoisement les applications addictives **pour leur profit, et** pas pour le votre.

Amusez-vous, mais ne mélangez pas les deux rôles. Au risque d'anéantir votre productivité intellectuelle.

NOTRE AVENIR : la synergie entre le cerveau humain et les TIC!

Le 2 mars 2004, l'agence spatiale européenne (ESA) a lancé le satellite Rosetta. La mission Rosetta avait pour but d'envoyer cette sonde sur la comète Tchourioumov-Guérassimenko qui représente un bloc de glace de 4 km de diamètre se déplaçant à une vitesse de 40 000 km/h à travers la Voie lactée, non loin de Jupiter. Les scientifiques ont comparé cette mission à une mouche tentant d'atterrir sur une balle en plein vol.

Il aura fallu dix ans au vaisseau spatial pour parcourir une distance totale de 6,5 milliards de km, et il a pu larguer l'atterrisseur Philae avec une précision de 100 m.

Voilà où je veux en venir : le réseau de 2 000 collaborateurs ayant contribué au succès de cette mission n'aurait jamais pu l'accomplir sans ordinateurs, de même que tous les ordinateurs du monde entier n'auraient jamais pu y parvenir sans ce réseau de 2 000 superbes cerveaux humains pensants.

L'essence même de la révolution des TIC est qu'ensemble, les TIC modernes et la capacité à penser exclusive à notre cerveau peuvent produire des perspectives, des connaissances et ces performances irréalisables séparément. Les TIC amplifient et démultiplient le pouvoir de notre cerveau.

Grâce à l'alliance des technologies révolutionnaires et des capacités cognitives uniques propres à notre cerveau, de nouvelles perspectives s'ouvrent. L'essence même de la révolution des TIC est cette union des technologies et du cerveau humain qui produit de nouvelles connaissances et qui aboutit à de nouveaux résultats qui auparavant paraissaient irréalisables. On peut dire que les TIC amplifient et démultiplient le pouvoir de notre cerveau.

L'avenir réside dans la synergie entre le cerveau humain et nos technologies. Nous ne sommes qu'aux prémices de cette synergie. Pas même le ciel en est la limite.

Le potentiel de la synergie est en danger : ATTENTION AU MAUVAIS EMPLOI DES TIC !

Dans la vie quotidienne, la façon dont vous utilisez vos TIC amoindrit sérieusement, au lieu de l'amplifier, le pouvoir de votre cerveau, et diminue votre productivité intellectuelle, votre efficacité et votre créativité.

Nombreuses sont les études qui soutiennent cette conclusion, mais vous le savez déjà : un chirurgien serait-il capable de réaliser des opérations de qualité tout en étant interrompu une douzaine de fois par heure pour répondre au téléphone, pour rédiger un texte ou un courriel, ou encore pour jeter un œil sur Facebook ? Bien sûr que non ! Et il en va de même pour un pianiste, un joueur de golf, un manager, un employé de bureau ou un mécanicien.

L'« état de connexion permanente » – et l'activité multitâche qui en découle – compromet sérieusement votre productivité intellectuelle, votre créativité et et cause beaucoup d'accidents.

Le problème ne réside pas dans les technologies proprement dites, mais dans la façon dont vous les utilisez, car vous le faites en négligeant le potentiel de l'outil le plus performant qui soit à votre disposition : votre cerveau.

La révolution technologique a fait en sorte que les technologies de l'information et de la communication se soient déployées à une vitesse telle que dans notre quotidien, il nous faut encore apprendre comment exploiter le potentiel de la synergie entre notre cerveau et les TIC à notre avantage.

De plus, en tirant profit de votre ignorance de ces ressources, les sociétés spécialisées développent sournoisement des applications numériques aussi addictives que possible qui gâchent considérablement votre productivité intellectuelle.

Connaître son cerveau et savoir utiliser les TIC pour une synergie optimale

Votre cerveau, cet outil INFINIMENT PLUS PUISSANT que n'importe quelle technologie

Pour créer un modèle très sommaire d'un cortex cérébral à l'aide des technologies modernes, il vous faudrait un ordinateur qui aurait la taille du plus grand des hangars d'Airbus. Il pèserait 40 000 tonnes et devrait consommer la puissance de quatre centrales nucléaires.

Savez-vous qu'en traitant les données, notre cerveau utilise 160 milliards de cellules ? Elles sont si nombreuses qu'il est impossible de les compter avec précision. Faites simplement la comparaison avec le nombre de gens sur terre (7,5 milliards) ou d'étoiles dans la Voie lactée (100 à 400 milliards). Le traitement et la mémorisation de données ne se passent pas au niveau des cellules, mais au niveau des connexions intercellulaires (synapses) qui sont en constante évolution.

Savez-vous que les cellules cérébrales (neurones), qui jouent le rôle majeur dans le traitement de l'information, possèdent de 1000 à 400 000 connexions avec d'autres cellules du cerveau ? Même en se basant sur une moyenne de 1000, on obtient 80 billions de connexions. Imaginez le nombre de combinaisons potentielles avec 80 billions de connexions ! Quasiment une infinité.

Au niveau des synapses, il y a les vésicules (bulles remplies de substances chimiques) qui jouent le rôle des transistors dans une puce. Si en moyenne 50 d'entre elles sont actives dans une synapse, nous y comptons 400 000 billions de transistors actifs. Toute cette puissance de calcul est contenue dans cet ordinateur portable qu'est votre cerveau mesurant la moitié de la taille d'un ballon de football, pesant 1,5 kg et consommant 30 W d'énergie. Ceci est incomparable avec les 40 000 t de hardware et les 4,5 GW dont un ordinateur aurait besoin pour avoir une puissance équivalente.

4000 GW
40 000 t

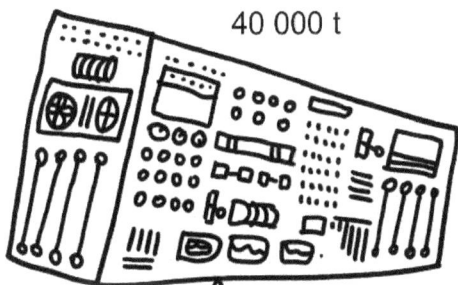

30 W
1,3 kg

TROIS CERVEAUX pour vos pensées et vos actions

Trois réseaux cérébraux jouent un rôle déterminant dans votre raisonnement, votre processus décisionnel et vos actions.

1. Votre **cerveau pensant** est « jeune » du point de vue de l'évolution. Seuls les êtres humains sont doués de réflexion sur les sujets métaphysiques, abstraits. C'est une condition indispensable, obligatoire pour développer un langage, le langage qui nous permet de transmettre nos connaissances toujours croissantes d'une personne à l'autre, d'une génération à l'autre. Nous seuls sommes capables de spéculer sur le passé et de combiner des souvenirs d'hier en vue de trouver une solution pour aujourd'hui ou demain. Nous sommes capables de faire des projets d'avenir. Nous sommes capables de penser au conditionnel, de développer une hypothèse. Nous sommes capables de remettre une décision à plus tard, d'y réfléchir mûrement, et d'inventer de nouvelles choses et de nouveaux mondes dans le royaume de notre propre imagination.

Mais il est crucial de retenir l'idée suivante pour la suite de ce livre :

**VOTRE CERVEAU PENSANT
NE PEUT ACCORDER DE L'ATTENTION
QU'À UNE SEULE CHOSE À LA FOIS.**

2. Votre **cerveau réflexe** est presque aussi ancien que l'existence animale. Le monde du cerveau réflexe est celui de l'« ici et maintenant », de l'expérience vécue sur le moment par l'utilisation de tous les sens qui sont à votre disposition. Votre cerveau réflexe vit à l'instant présent, il n'a pas de passé ni de futur. Toute chose hors de portée de vos sens cesse tout bonnement d'exister.

3. Votre **cerveau archivant** stocke la multitude d'informations que vous traitez chaque jour. Il filtre, réorganise et garde les informations en continu, pendant que votre cerveau pensant se détend, en particulier lors de votre sommeil.

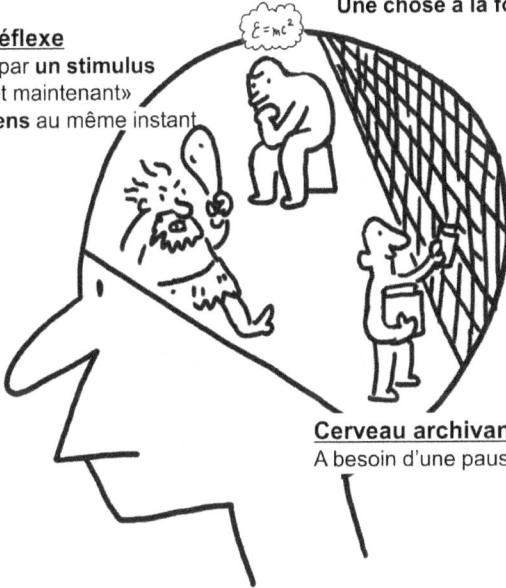

Cerveau pensant
Pensées abstraites
Libéré de l'«ici et maintenant»
Orienté vers **un objectif**
Une chose à la fois !

Cerveau réflexe
Déclenché par **un stimulus**
100% «ici et maintenant»
Tous les sens au même instant

$\mathcal{E} = mc^2$

Cerveau archivant
A besoin d'une pause

Cerveau du corps

Votre CERVEAU DU CORPS : connecté à chacune des cellules de votre organisme

Avant de parler des trois parties de votre cerveau qui vous aident à penser et à agir, faisons une courte réflexion à propos de votre cerveau du corps. Votre cerveau communique avec chacune des 50 à 100 billions de cellules qui composent votre organisme pour pouvoir s'adapter sans cesse aux changements, intérieurs et extérieurs. Il procède en autonomie, en pilotage automatique. Chaque cellule est comparable à un petit ordinateur qui influence des milliers d'autres cellules-ordinateurs et qui est à son tour influencé par des milliers d'autres cellules-ordinateurs. Ensemble, ils traitent des milliards de routines simultanément. Ils se contrôlent mutuellement et prennent des décisions communes dans un réseau complexe, fonctionnant à la vitesse grand V. C'est un dispositif virtuel à l'instar de l'« Internet des objets », mais d'une taille et d'une résistance à toute épreuve et d'un degré de sophistication au-delà de tout ce que la technologie est capable de réaliser.

Les ramifications du cerveau du corps traversent la totalité de l'organisme. Elles sont responsables du fonctionnement et de la multiplication de toutes les cellules, allant jusqu'à influencer les gènes de vos cellules. En outre, les cellules de votre organisme fournissent du feed-back à votre cerveau du corps, lui permettant ainsi d'apporter efficacement des adaptations et des ajustements à grande vitesse. Votre horloge interne synchronise toute cette activité. Vous en apprendrez bien plus sur cette horloge hautement importante dans *BrainChains*.

Votre cerveau du corps agit sur chacune des cellules de votre organisme moyennant trois systèmes: **votre système nerveux,** à la réaction ultra-rapide, par le biais de décharges électriques ; v**otre système endocrinien,** à la réaction plus lente, par l'envoi d'hormones lui servant de messagers via la circulation sanguine ; v**otre système immunitaire,** qui est un système de défense sophistiqué vous protégeant des intrus, tels que les germes dangereux, ou des rebelles, des cellules cancéreuses, par exemple.

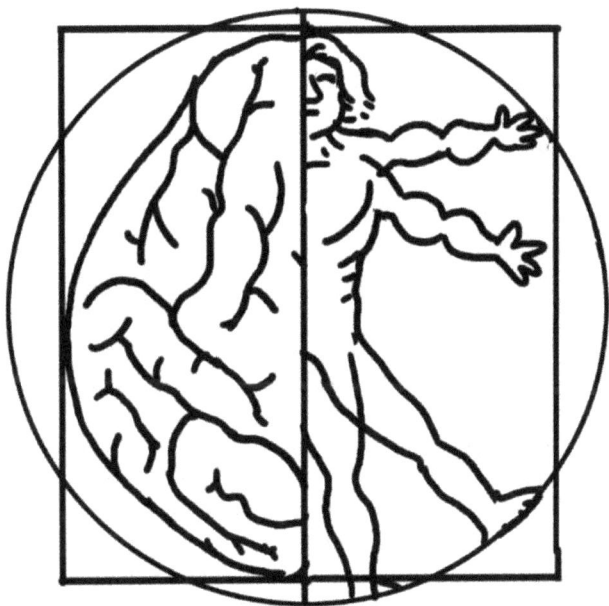

Votre CERVEAU PENSANT : humain par excellence, très sophistiqué et lent

Le développement de notre capacité d'interrompre nos réactions réflexes aux stimuli, de faire une pause et de réfléchir à nos objectifs est une véritable révolution dans l'évolution de l'humanité.

La qualité majeure et spécifiquement humaine du cerveau pensant est notre capacité de réflexion sur les choses qui ne sont pas réellement présentes ou à disposition de nos sens. La qualité majeure et proprement humaine du cerveau pensant consiste en notre capacité de réfléchir sur des choses imaginaires et d'avoir des idées sans lien directe avec la perception. Cette pensée, déconnectée de la réalité, constitue également le fondement du langage, elle est à l'origine de notre capacité à communiquer sur des sujets complexes et abstraits, comme la science et la religion. Le langage nous permet d'apprendre les uns des autres et d'élargir continuellement nos connaissances par la conversation, l'écriture et la lecture. Ce cerveau est responsable de la réflexion consciente, de la logique, de la pensée analytique et synthétique, de la pensée créatrice, de la résolution des problèmes, de l'anticipation, de la réflexion sur le passé et l'avenir, et de la pensée profonde.

Ce cerveau pensant est lent, nécessite une attention et une concentration soutenues. Il est par conséquent très énergivore et se fatigue facilement. Il est important de souligner à nouveau que le cerveau pensant n'est capable d'accorder de l'attention qu'à un seul sujet à la fois.

Le cerveau pensant est capable d'anticiper, de fixer les objectifs. Il est proactif, ce dont les animaux sont dépourvus. Grâce à ces propriétés, les psychologues l'ont caractérisé comme « un cerveau orienté vers les objectifs », par opposition au cerveau réflexe, « déclenché par les stimuli ».

L'une des particularités typiquement humaines du cerveau pensant consiste en sa capacité à prendre le pas sur le cerveau réflexe. C'est exactement pour cette raison que les chercheurs le décrivent parfois comme « centre de commande » ou « cerveau de gestion ».

Une révolution évolutionnaire
Arrêter les réflexes pour réfléchir

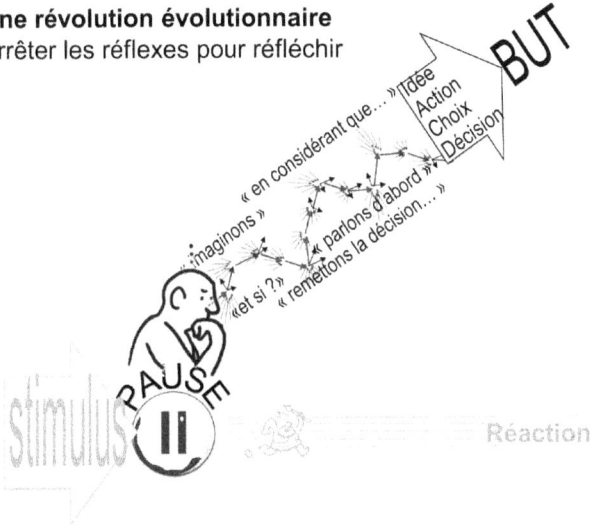

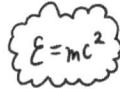

BUT

Idée
Action
Choix
Décision

« en considérant que… »
« imaginons »
« parlons d'abord »
« et si ? »
« remettons la décision… »

stimulus   PAUSE   II   Réaction

$\mathcal{E} = mc^2$

Cerveau pensant
Réflexion consciente: lente
Processeur sériel: **UNE chose à la fois**
Orienté vers vos **buts**   « en considérant que… »

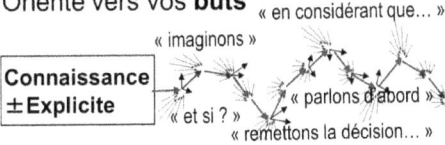

« imaginons »

Connaissance ±Explicite

« et si ? »   « parlons d'abord »
« remettons la décision… »

Idée
Action
Choix
Décision

BUT

VOTRE RÉUSSITE dépend
de votre capacité de réflexion

Si nous voulons faire les meilleurs choix et prendre les décisions les plus proactives dans notre environnement moderne à la fois complexe, imprévisible et changeant, nous ne devons pas pas donner la priorité au cerveau réflexe, qui est primitif, inconscient et rapide, mais aussi dépourvu de réflexion.

Pour nos ancêtres, qui habitaient dans la savane en luttant en permanence pour la survie, le cerveau réflexe était d'une grande utilité dans la mesure où ils n'avaient pas le temps de prendre en considération de nombreuses interprétations ou possibilités d'action.

En revanche, afin de réussir dans la « jungle » du 21ème siècle, il nous faut fréquemment quitter le mode « réflexe » et prendre le temps pour réfléchir et pour mener de vraies conversations. De même, nous avons régulièrement besoin de détente et de déconnexion pour permettre à notre cerveau archivant de traiter l'ensemble des données stockées.

Les systèmes électroniques ne sont capables que d'archiver les données, et parfois les informations si les données sont ordonnées de façon sensée et accessible. Le seul lieu où la connaissance, la compréhension et le sens résident est le cerveau humain. Nous avons besoin de réflexion pour transformer les informations en savoirs et en connaissances et pour rendre possible la l'exceptionnelle synergie entre notre cerveau et les TIC.

Pour réussir, il faut apprendre tout au long de sa vie. L'apprentissage est le fruit d'études, de lectures approfondies, de conversations authentiques et vivantes, de réflexions sans interruption, et surtout d'essais et erreurs. Pour réussir, il faut prendre le temps d'analyser vos erreurs et vos succès, de réfléchir sur le passé et de se projeter dans le futur, de penser de façon ouverte et profonde.

L'ACTIVITÉ MULTITÂCHE,
concept clé pour comprendre
ce qui enchaîne notre cerveau

Il existe deux types de multitâche. Le premier type relève de l'activité multitâche simultanée qui présuppose que la personne fait deux choses en même temps, comme par exemple rédiger les courriels tout en participant à une téléconférence. Le second type présuppose une activité multitâche en « série », lors de laquelle l'individu accomplit l'une après l'autre différentes étapes de plusieurs tâches à la fois. Par exemple, faire une pause lors de la rédaction d'un mémo important pour répondre à quelques mails et à ses messages vocaux avant de revenir au mémo.

Il est utile de distinguer ces deux formes d'activité multitâche, mais cette distinction n'existe pas pour le cerveau pensant. Dans les deux cas, il ne fait que passer d'une tâche à l'autre. Je reviendrai par la suite sur un type bien spécifique d'activité multitâche simultanée où votre cerveau réflexe gère les tâches routinières pendant que votre cerveau pensant reste en mode « veille » en se préoccupant des événements particuliers ou en réfléchissant à d'autres sujets.

L'activité multitâche est un concept qui nous vient de l'univers informatique. Il signifie qu'un processeur en série, qui est à la base de la majorité des ordinateurs, n'est capable d'exécuter qu'une tâche à la fois, passe d'une tâche à l'autre à une vitesse telle qu'il donne l'impression de les exécuter simultanément. Pour ce faire, il stocke brièvement les informations dans une mémoire tampon, qui a une capacité très limitée. Une fois remplie, elle efface les anciennes données pour laisser place à de nouvelles informations. Comme nous le verrons, cette comparaison est utile pour comprendre le processus qui se déroule dans notre cerveau lorsque nous nous essayons à une activité multitâche.

Multitâche en série: allers-retours entre les tâches

1   2   3   4   1   2   3   4   1   2

Multitâche simultané: deux tâches à la fois

Tâche 1. Par exemple, conférence téléphonique

Tâche 2. Par exemple, rédiger des courriels

L'activité multitâche est-il une pratique EFFICACE ET SÛRE ?

Revenons à notre question. D'après vous, le chirurgien qui vous opère ou le mécanicien qui répare les freins de votre voiture, sont-ils capables d'effectuer un travail sûr et minutieux tout en étant interrompus toutes les trois minutes par d'autres tâches ?

Seriez-vous *personnellement* capable d'effectuer correctement votre travail tout en jonglant avec les tâches ?

Supposons que vous soyez en train de rénover une partie de votre maison. Alors que vous peignez un mur, vous vous dites que vous pourriez avoir besoin de plus grosses vis plus tard. Sur-le-champ, vous arrêtez de peindre, vous refermez le pot de peinture, vous nettoyez votre pinceau. Ensuite, vous vous rendez au magasin de bricolage pour acheter les vis. Enfin, vous rentrez à la maison, vous rouvrez le pot et vous poursuivez votre travail de peinture.

Cinq minutes plus tard, vous vous dites que vous serez bientôt à court de bière. De nouveau, vous arrêtez de peindre, vous refermez le pot de peinture, vous nettoyez votre pinceau, vous vous rendez au supermarché pour acheter de la bière... Et encore cinq minutes plus tard vous constatez : « Je pourrais avoir besoin de pommes de terre. » Vous arrêtez de peindre pour refermer votre pot de peinture... Et vous continuez de la sorte, tout en interrompant votre activité principale toutes les cinq minutes pour acheter soit du papier abrasif, soit un pinceau ou du lait, etc.

Est-ce efficace ? Productif ? Judicieux ? Certainement pas. Et c'est pourtant exactement la façon dont la majorité de travailleurs intellectuels font leur travail ! Vous savez donc que l'activité multitâche n'est pas une méthode de travail productive, efficace, créative ou sûre. Mais peut-être ignoriez-vous que votre cerveau pensant n'était pas capable de pratiquer le multitâche, et que s'y essayer malgré tout entraînera une grande perte de temps, de précision, de mémoire, de créativité, de productivité et d'efficacité et augmentera votre sensation de stress.

Le saviez-vous ?

Travailler trente minutes sans interruption est :
- trois fois plus éfficace que trois fois dix minutes ;
- quatre fois plus éfficace, si les tâches sont complexes ;
- dix fois plus éfficace que dix tranches de trois minutes.

Le saviez-vous ?

- la plupart des professionnels ont plus de 65 tâches en attente ;
- la plupart des professionnels passent onze minutes sur une tâche avant d'être interrompus ;
- après qu'on détourne leur attention, il leur faut 25 minutes pour revenir à la tâche ;
- dans 40 % des cas, ils ne reviennent même pas à la tâche initiale.

Éfficace ??? Productif ??? Judicieux ???
Il ne s'agit là même plus de l'activité **multitâche**, mais on a affaire à l'activité **hypertâche**.

Être multitâche, UNE PRATIQUE INEFFICACE. Constatez par vous-même !

Prenez un papier, un crayon et une montre ou un chronomètre. Le test se compose de deux tâches très simples. Pour la première partie, vous êtes en mode « monotâche »: vous exécutez une tâche jusqu'au bout, puis vous passez à la seconde. Pour la deuxième partie, vous pratiquez le mode multitâche : vous jonglez avec les deux tâches.

Mesurez combien de temps vous mettez pour chaque partie.

Première partie : le Monotâche

Première tâche : Écrivez « MULTITÂCHE » en majuscules

Deuxième tâche : notez juste en dessous le numéro d'ordre de chaque lettre, puis arrêtez le chronomètre. Voilà à quoi doit ressembler le résultat :

M	U	L	T	I	T	Â	C	H	E
1	2	3	4	5	6	7	8	9	10

Seconde Partie: le Multitâche.

Écrivez « MULTITÂCHE » lettre par lettre, en notant aussitôt le numéro correspondant à chaque lettre en dessous. Vous écrirez donc « M » puis « 1 », « U » puis « 2 », « L » puis « 3 », « T » puis 4, « I » puis 5, et ainsi de suite.

M	U	L	T	I	T etc.
1	2	3	4	5	6

Cette petite activité multitâche super simple prend en général presque 75% plus de temps, un tiers des gens commettent des erreurs et tous ressentent davantage de stress avec cette méthode.

Imaginez ce que vous perdez dans le trou noir du multitâche, si vous avez affaire non pas à deux tâches d'une simplicité extrême, mais à un travail complexe interrompu par une douzaine de besognes. Votre perte en termes d'efficacité, de productivité et de créativité est colossale.

Du *Homo Sapiens* via *Homo Zappiens* au *HOMO INTERRUPTUS*

Vous ne pouvez pas entraîner votre cerveau pensant à l'activité multitâche.

600 millions d'années
pour développer le cerveau humain

30 années de multitâche
0,05 millionième de l'histoire du cerveau humain

Jongler avec les tâches,
ou l'activité MULTITÂCHE EN SÉRIE

Pourquoi l'activité multitâche intellectuelle est-il si inefficace ? Supposons que vous vous concentrez sur une tâche complexe et difficile. C'est donc votre « mémoire de travail », dont on parlait plus haut, qui traite la tâche. Soudain, une fenêtre pop-up s'affiche, annonçant l'arrivée d'un courriel. Vous décidez que c'est une question simple à laquelle vous pouvez répondre rapidement, et décidez de la prendre en charge.

Pour votre cerveau, cette opération n'a rien de simple. Votre cerveau doit maintenant déplacer toutes les informations riches et complexes depuis votre mémoire de travail vers votre mémoire tampon, puis nettoyer votre mémoire de travail (pour éviter l'interférence entre les deux tâches) et déplacer les informations nécessaires relatives au courriel que vous avez reçu depuis votre mémoire à long terme vers votre mémoire de travail. Vous devez ensuite mobiliser votre concentration pour répondre au message. Lorsque vous revenez à la tâche initiale, votre cerveau reprend le même processus.

Une fois qu'ils sont distraits par un courriel, la majorité des employés de bureau vont rarement se cantonner à un seul courriel. Ils consultent en moyenne onze courriels avant de revenir à la tâche initiale en suivant le même processus pour chaque courriel. Vous pouvez donc imaginer à quel point cette opération est chronophage et énergivore. De plus, votre mémoire tampon a une capacité limitée et applique le principe du « premier entré, premier sorti ». Les informations issues de votre tâche complexe et difficile sont ainsi mises de côté, en particulier si vous étiez occupé au point que votre cerveau archivant n'a pas eu l'occasion de les stocker convenablement. Vous pouvez imaginer la grande quantité d'informations qui passent entre les mailles du filet, ainsi que le stress généré par ce phénomène.

Pire encore : plus les contextes avec lesquels vous jonglez sont différents, plus conséquente sera la perte.

MULTITÂCHE EN SÉRIE
perte importante de performance

1   2   3   4   1   2   3   4   1

Changement de contexte → Coûts de commutation énorme

Arrêter la tâche 1

Déplacer les données de la tâche 1 de M de Travail à M Temporaire

Nettoyer la Mémoire de Travail

Charger les données 2 de la M Long Terme ou Temporaire dans la M de Travail

Rétablir sa concentration

Faire la tâche 2

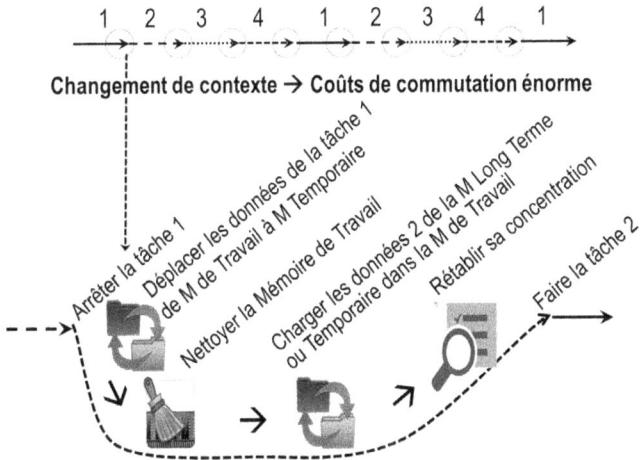

Toute interruption est une commutation

En open space, les travailleurs sont interrompus
toutes les deux minutes.
La productivité disparaît dans le trou noir du multitâche !

Faire deux choses à la fois,
ou le MULTITÂCHE SIMULTANÉ

Quand vous pratiquez une activité multitâche simultanée, comme par exemple rédiger des courriels tout en participant à une téléconférence, vous jonglez constamment avec deux tâches de contexte différent. Chaque alternance entraîne une perte d'informations et d'énergie, génère davantage de stress et vous fait commettre de stupides erreurs.

Mais il y a pire. La plupart des gens se croient capables d'accorder une attention partielle à une tâche tout en traitant une autre. Comme votre cerveau pensant ne peut accorder d'attention qu'à une tâche à la fois, **votre attention est fracturée**, et non partielle ! Pendant la rédaction de votre courriel, **vous n'entendez pas les propos tenus** lors de la téléconférence. Les personnes dont l'attention est détournée en permanence sont facilement identifiables. Ce sont les gens qui répètent les questions déjà posées et les réponses qui viennent d'être données. Croire que vous êtes capable d'accorder toute votre attention à la conférence et au courriel *en même temps* est illusoire.

Mais il y a pire encore. Notre cerveau n'apprécie guère ces soudaines lacunes dans le flux d'information. Aussi essaiera-t-il de les combler, en émettant des suppositions. Résultat : **vous entendez des propos qui n'ont jamais été tenus.** Si vous connaissez très bien le sujet de la téléconférence et les personnes qui participent au débat, il se peut que votre cerveau devine juste, ce qui aura pour effet de renforcer votre illusion d'être capable de n'accorder qu'une attention partielle. Cependant, et plus souvent que vous ne le croyez, votre cerveau se trompera. Vous entendrez des conclusions et des affirmations que nul n'a formulées.

Exemple : rédiger des courriels pendant une téléconférence.

MULTITÂCHE SIMULTANÉ
Perte énorme de temps, d'information et d'énergie

Exemple: rédiger des e-mails pendant une téléconférence.

Problème #1: vous commutez constamment
Perte d'énergie, de mémoire, de réflexion, de compréhension…

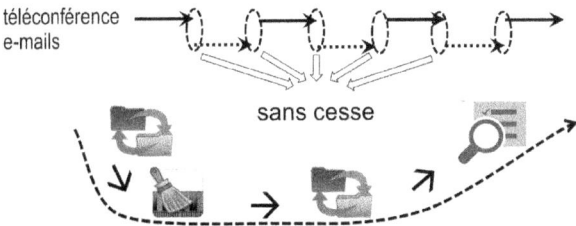

téléconférence
e-mails

sans cesse

Problème #2 : l'attention partielle = illusion
Cerveau pensant —> UN SEUL canal à la fois
La réalité = une attention SEGMENTÉE
VOUS N'ENTENDEZ PAS CE QUI SE DIT !

rien   rien   rien

Problème #3 : votre cerveau devine les informations manquantes !
supposition —> supposition —> supposition —>
VOUS ENTENDEZ DES CHOSES QUI N'ONT PAS ÉTÉ DITES !

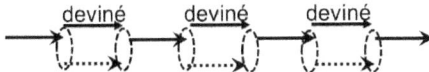

deviné   deviné   deviné

Conclusion pour l'Homo Interruptus moderne : SUPPRIMEZ LES INTERRUPTIONS, RADICALEMENT ET SANS PITIÉ

L'étendue des possibilités de votre cerveau pensant est extraordinaire, mais il y a une chose dont il est incapable : l'activité multitâche. Il ne peut accorder d'attention qu'à une chose à la fois. Il lui est impossible d'exécuter deux tâches cognitives en même temps. Si vous vous y essayez malgré tout, vous passez constamment d'une tâche à l'autre. Jongler de la sorte avec les informations vous coûtera des ressources précieuses – du temps, de l'énergie, de la précision, de la mémoire, de la créativité, de la productivité – et vous apportera du stress.

Par la suite, être capable de se connecter à tout moment est un avantage pour votre travail intellectuel, par contre, être toujours connecté est un désastre pour la quantité et la qualité de votre travail intellectuel. La raison principale en est que l'état de connexion permanente constitue **la** cause majeure du multitâche continu.

De plus, l'attention de votre cerveau se porte directement sur ce que votre cerveau réflexe primitif juge important, et non pas toujours à ce que votre cerveau pensant rationnel juge important. Si vous ne respectez pas les besoins de votre cerveau pensant, c'est votre cerveau réflexe qui décidera trop souvent pour vous.

Le remède est simple, mais souvent difficile à mettre en œuvre. *Supprimez radicalement et sans pitié les interruptions.* Cette opération exige de la créativité et, au départ, un brin de discipline et de volonté. Aussitôt que vous l'appliquez systématiquement, les récompenses sont énormes.

Ainsi, si vous voulez profiter au maximum de l'activité de votre cerveau pensant, faites attention à ne pas vous interrompre, prenez l'habitude de vous déconnecter régulièrement des TIC et évitez de travailler dans les bureaux ouverts de type « open space » où il est très difficile de se concentrer.

LE PREMIER COMMANDEMENT

Éradiquez les commutations
impitoyablement, radicalement

Votre cerveau archivant et votre cerveau pensant ont BESOIN DE PAUSES

Votre cerveau archivant et votre cerveau pensant utilisent la même « mémoire de travail », qui représente une sorte de « microprocesseur cérébral central». Votre cerveau archivant est en perpétuelle activité. Il se sert de la moindre parcelle du « processeur » de la mémoire de travail pour exécuter son travail. Il n'est capable d'archiver que lorsque que votre cerveau pensant ralentit la cadence ou marque une pause et, de manière plus conséquente, pendant votre sommeil.

Ainsi, si vous comblez les prétendus instants perdus en consultant votre smartphone, en utilisant votre tablette ou votre ordinateur, vous allez être très contre-productif, ce qui nuira de manière considérable au développement de vos connaissances et à votre activité cognitive. Cela empoisonne la créativité.

Quand je demande aux participants à quel moment et à quel endroit naissent leurs idées les plus créatives ou leurs éclairs de génie, ils répondent souvent que cela se passe quand ils font du jogging, sous la douche, au lit. Jamais au travail !? Alors, voici ce que ces trois situations ont en commun avec le moment ou plusieurs prix Nobel ont eu leur éclair de génie, leur moment eurêka ! :

1. Ces personnes ont pris le temps d'étudier et de réfléchir, et c'est ainsi qu'elles ont pu s'appuyer sur les connaissances stockées dans leur mémoire à long terme. C'est précisément ce temps de réflexion que l'on perd lorsqu'on est connecté en permanence.

2. Elles étaient détendues : leur cerveau archivant a eu amplement le « temps processeur » pour trouver et pour reconstituer les informations. L'état de connexion permanente compromet également cette possibilité.

3. Elles étaient déconnectées, et ne s'efforçaient consciemment pas de réfléchir à une question ou à un problème.

Nietzsche a écrit : « Toutes les grandes idées sont conçues en marchant. » Et si Steve Jobs avait été autant absorbé par son iPhone comme vous l'êtes souvent, il ne l'aurait jamais inventé.

Cerveau archivant

VOTRE SOMMEIL, cette source de productivité, de créativité et de santé

Vous avez besoin de dormir suffisamment :

- pour récupérer physiquement,

- pour gérer le fonctionnement d'une douzaine d'hormones régulant votre poids, votre taux de glucose, votre croissance, votre cœur, votre sexualité, et bien plus encore,

- pour accroître, rétablir, régénérer, restaurer votre système immunitaire,

- pour renouveler l'énergie nécessaire à votre cerveau pensant,

- pour permettre à votre cerveau archivant de remettre en ordre et de conserver toutes les informations que vous avez captées durant la journée,

- pour développer de nouvelles cellules cérébrales (en particulier, pour votre mémoire à long terme) et pour former de nouvelles connexions entre elles,

- pour décomposer et éliminer les résidus produits par votre cerveau durant la journée,

- pour traiter, maintenir et rétablir votre stabilité émotionnelle, et pour bien plus de choses encore.

75% des gens ont besoin de sept à huit heures de sommeil pour un fonctionnement optimal. Or, c'est votre cerveau archivant qui éprouvera le plus de difficultés parce qu'il fonctionne davantage durant la seconde moitié de votre sommeil, cette partie que vous écourtez si vous ne dormez pas assez. Votre cerveau pensant a besoin d'une bonne nuit de sommeil pour récupérer. Vos muscles, qui récupèrent principalement durant la première moitié de la nuit, tolèrent mieux le manque de sommeil. Je décrirai ultérieurement deux méthodes permettant de calculer la quantité de sommeil dont vous personnellement avez **réellement** besoin.

Pour plus d'astuces sur le développement d'habitudes de sommeil saines, voir la p. 377 de mon livre *BrainChains*.

Votre CERVEAU RÉFLEXE primitif : sa rapidité compromet votre pensée rationnelle

Les actions déclenchées par votre cerveau reflexe, sont basées sur vos expériences sensorielles du moment. L'existence se limite pour lui à l'instant présent. .

Votre cerveau réflexe primitif réagit nettement plus vite que votre cerveau pensant parce qu'il est capable de traiter ces données sensorielles de manière simultanée. Pour ce faire, il utilise de nombreux raccourcis génétiques et une multitude d'habitudes acquises. Ceci représentait un avantage de taille du temps de nos ancêtres dans leur lutte pour la survie tout au long de l'évolution de l'humanité. Mais dans la « jungle » du 21e siècle, il s'agit plutôt d'un fardeau. Si vous n'aidez pas votre cerveau pensant à vérifier ou même à prévenir les conclusions hâtives de votre cerveau réflexe, ce dernier commettra un grand nombre d'erreurs irrationnelles.

Votre cerveau réflexe vous permet de développer un comportement automatique toujours plus complexe, comme jouer du piano, conduire une voiture, etc.

Mais un problème se pose aux travailleurs intellectuels : inconsciemment, l'attention de votre cerveau réflexe est souvent captée par des changements sensoriels nouveaux ou soudains ; dans le cadre professionnel, essentiellement visuels et sonores. Des interférences se produisent alors avec l'attention consciente dont votre cerveau pensant a besoin et avec le temps nécessaire à votre cerveau archivant pour stocker les informations dans votre mémoire.

Sans compter que chaque fois qu'un stimulus capte l'attention de votre cerveau réflexe, vous recevez un petit coup de dopamine au niveau du cerveau. Son effet est similaire à celui d'une drogue. La dopamine appartient à la famille des amphétamines. Elle vous pousse à chercher des stimuli, et peut même créer une dépendance.

LA VITESSE

est

le pire ennemi de la pensée

La rapidité de votre cerveau réflexe dépend des RACCOURCIS INNÉS

La rapidité de votre cerveau réflexe est due non seulement au fait qu'il ne connaît que la sensation présente, mais aussi à son utilisation des raccourcis innés : les biais cognitifs et heuristiques. Apprendre plus à leur sujet en vaut la peine. D'une part, parce que ces raccourcis ont tendance à être la raison pour laquelle vous prenez fréquemment des décisions stupides. D'autre part, parce que les professionnels du marketing, les développeurs d'applications, et surtout les compagnies propriétaires des réseaux sociaux les exploitent pour faire en sorte que vous restiez collé à votre écran, pour vous pousser à dépenser plus et à divulguer un maximum d'informations personnelles. Les scientifiques en ont décrit des dizaines. En voici quelques exemples.

Lorsque vous devez choisir entre trois produits similaires avec des prix différents, par le biais de l'ancrage, votre cerveau réflexe optera automatiquement pour le prix intermédiaire, et votre cerveau pensant marquera généralement son accord. Vous pouvez imaginer à quel point il est facile pour des vendeurs d'exploiter ce biais.

À cause du même biais, les managers prennent des décisions très différentes lorsqu'ils commencent d'abord à négocier un achat dont le prix s'élève à plusieurs millions de dollars, pour passer ensuite à un marché avec un budget qui ne dépasse pas quelques dizaines de milliers de dollars, au lieu de faire l'inverse.

Le préjugé du profit instantané vous fait opter pour la récompense immédiate, même si vous savez que l'autre décision est bien meilleure à long terme. Le biais des coûts irrécupérables vous incite à dépenser plus après avoir fait un investissement initial, même si cette décision semble mauvaise. Le biais de rareté augmentera votre désir d'achat, si le vendeur mentionne qu'il ne reste plus que trois produits. Le biais des biais vous fait croire que vous êtes moins influencé que les autres par les biais.

<u>Le cerveau réflexe</u>

Inconscient, ICI ET MAINTENANT, RAPIDE
Tous les sens SIMULTANÉMENT
Déclenché par les STIMULUS

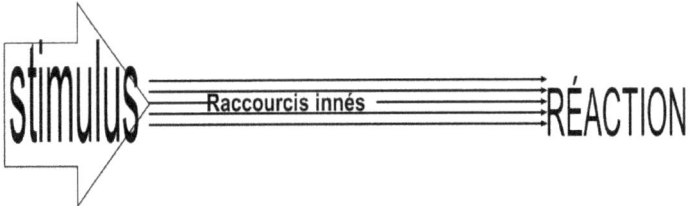

stimulus ====== Raccourcis innés ====== RÉACTION

La rapidité de votre cerveau dépend des RACCOURCIS ACQUIS et des habitudes

Lorsque vous apprenez à conduire une voiture, toutes les informations relatives à ce que vous devez faire sont traitées par votre cerveau pensant qui n'est capable de gérer qu'une seule tâche à la fois. Par conséquent, quand vous pensez au freinage, vous oubliez l'embrayage ; quand vous réfléchissez à l'embrayage, vous oubliez de regarder dans votre rétroviseur, etc. Au début, le désespoir vous gagne : la trop grande quantité d'éléments auxquels il faut réfléchir en même temps vous submerge. Vous avez le sentiment de ne jamais pouvoir tout assimiler. Effectivement, si vous n'aviez que votre cerveau pensant, ce serait mission impossible.

Néanmoins, en poursuivant la pratique de la conduite, après des heures et des heures de frustration, après bon nombre d'erreurs et une rétroaction immédiate (comme la voiture qui cale), votre cerveau réflexe développe petit à petit des raccourcis raccourcis acquis et, par conséquent, de nouvelles habitudes.

Les connaissances conscientes sont progressivement transmises à votre cerveau réflexe, qui les convertit en routine inconsciente. Conduire devient alors une habitude. Des lors, votre cerveau réflexe peut très vite traiter simultanément un grand nombre de données, tandis que votre cerveau pensant demeure en mode veille pour les tâches non routinières, inhabituelles. Il a même la liberté de réfléchir à d'autres sujets.

Le même transfert vers notre cerveau réflexe a lieu pour des centaines de routines que nous réalisons quotidiennement, sans réfléchir.

Ce processus est si performant que beaucoup vont jusqu'à se croire capables de discuter au téléphone pendant qu'ils conduisent, tout en se sentant en sécurité. Pourtant, comme je l'expliquerai plus tard, c'est une erreur extrêmement dangereuse.

Raccourcis appris et habitudes

Cerveau pensant
Conscient: LENT
UNE chose à la fois

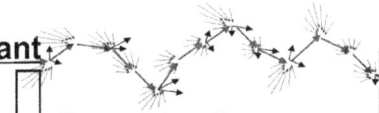

Beaucoup de pratique
Feedback immédiat
Situation prévisible
→ Automatisation / Expertise

BUT

Idée
Action
Choix
Décision

stimulus

Raccourcis/habitudes appris

Cerveau réflexe
Inconscient: RAPIDE
BEAUCOUP en même temps

LES ÉMOTIONS, CES RÉFLEXES RAPIDES
et puissants que votre cerveau ne classe qu'après coup

En général, les émotions intenses ont tendance à court-circuiter le cerveau pensant en nous détournant de notre objectif, pour gérer les stimuli inopinés, en entraînant notamment des réactions automatiques. Ce mécanisme est excellent quand une réaction rapide comme l'éclair est requise, mais peut s'avérer problématique lorsqu'une petite réflexion mènerait à des choix, des décisions et des actions plus appropriés.

Il n'est pas rare qu'une situation suscite un réflexe émotionnel dans votre cerveau, puis dans le reste de votre corps (palpitations, rougeur, tremblements, tension musculaire). Il faut un certain laps de temps pour que votre cerveau pensant lent considère la situation et étiquette ces réactions après coup comme étant de l'ordre affectif (par exemple, la colère). Cependant, votre cerveau réflexe est d'une rapidité telle qu'il pourrait déjà avoir entamé une réaction comportementale avant la prise de conscience de ces sensations par votre cerveau pensant, plus lent.

Il arrive donc souvent que votre cerveau réflexe influence votre comportement davantage qu'il ne le devrait. Sans compter que votre cerveau pensant a besoin d'énergie et se fatigue facilement. Son effet de modulation sur les émotions diminuera donc au fil de la journée. Voilà pourquoi les réactions primitives plus spontanées – comme l'agressivité et l'anxiété – émanant du cerveau réflexe infatigable, sont plus accentuées le soir, tout particulièrement si nous ne prenons pas suffisamment de pauses, si nous sommes fatigués d'avoir travaillé dans un bureau open space ou si nous manquons de sommeil.

Heureusement, nous continuons à apprendre, et les expériences de vie nous permettent de développer des raccourcis acquis. Ces habitudes nous aident à moduler, à maîtriser, voire à contenir nos réactions émotives et notre comportement réflexe.

Votre CERVEAU PENSANT GÉNÈRE DES ÉMOTIONS aussi !

Il arrive que votre cerveau pensant constitue lui-même la source de l'émotion. Dans bien des cas, votre mode d'évaluation d'une situation déclenche vos réactions comportementales, émotives et physiques.

Si vous interprétez un commentaire émis par votre patron comme une critique agressive et injustifiée émanant d'un *minus habens* prétentieux, il est fort probable que vous ressentiez de la colère ; votre rythme cardiaque pourrait commencer à s'accélérer et votre tension artérielle à augmenter. Vous pourriez alors adopter un comportement défensif ou hostile envers votre patron. La présence de celui-ci n'est même pas indispensable pour que vous éprouviez de la colère. Ce sentiment peut naître ultérieurement, pendant que vous réfléchissez simplement à la situation ou que vous l'expliquez à votre conjoint. Vous pourriez aussi éprouver à nouveau de la colère en vous mettant à réfléchir à propos de cet incident bien des mois plus tard.

Si vous aviez interprété le commentaire de votre supérieur plus favorablement, par exemple comme une réaction normale d'une personne souffrant d'un grand manque d'assurance, votre sentiment aurait été totalement différent. Le stress aurait été plus faible, voire inexistant, et vous auriez adopté un comportement différent, peut-être même celui de soutien, par exemple.

Un bon comédien qui se glisse réellement dans la peau de son personnage est capable de ressentir les émotions liées à son rôle ne serait-ce qu'en s'imaginant dans cette situation.

Ce concept, selon lequel les pensées suscitent des sentiments, des réactions physiologiques et des comportements particuliers, constitue le fondement d'une quantité impressionnante d'études dans le domaine connu sous le nom de psychologie cognitive.

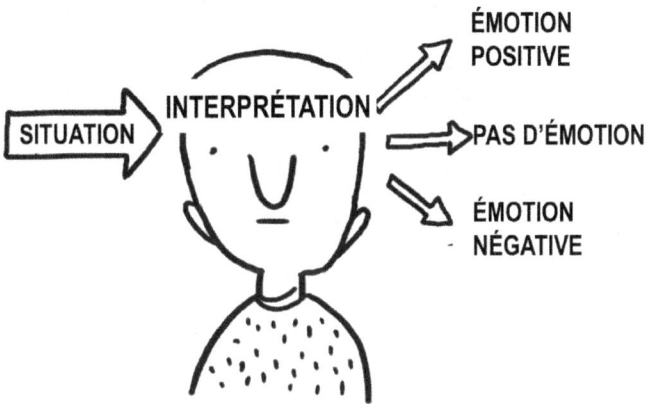

SITUATION → INTERPRÉTATION → ÉMOTION POSITIVE / PAS D'ÉMOTION / ÉMOTION NÉGATIVE

Quand les DEUX CERVEAUX RIVALISENT, le cerveau pensant est la cendrillon

La plupart du temps, la collaboration entre les deux cerveaux est efficace et joue en notre faveur. Le cerveau réflexe fonctionne de manière optimale dans les routines qui lui sont familières. Il proposera une réaction très rapide, laissant le choix au cerveau pensant de l'accepter ou pas. La façon dont le cerveau réflexe gère les routines, en les convertissant en habitudes, laisse à notre cerveau pensant la liberté de réflexion. Comme je l'expliquerai plus tard, c'est dans la collaboration entre nos cerveaux, que l'activité multitâche devient possible.

Il arrive que les deux cerveaux soient en concurrence. Par exemple, un footballeur professionnel ne réfléchit pas à la façon de passer le ballon. Après de nombreux entraînements, les passes deviennent une routine inconsciente d'une grande habilité. Mais si le sportif vient de faire plusieurs mauvaises passes et commence à s'en soucier, les pensées négatives se mettent en travers du cerveau réflexe, et ce qui se faisait jusqu'ici naturellement devient problématique.

Autre fait plus important pour votre productivité intellectuelle : de par sa rapidité, le cerveau réflexe prend souvent le dessus sur le cerveau pensant dans le cadre du travail intellectuel.

Le cas se présente très souvent quand vous êtes connecté en continu, que vous pratiquiez l'activité multitâche ou que votre cerveau pensant soit fatigué. Votre cerveau pensant est relativement énergivore. Il s'épuise facilement, contrairement à votre cerveau réflexe, infatigable. En raison de ce handicap, votre cerveau réflexe prend rapidement le dessus quand vous exercez une activité multitâche ou que vous êtes fatigué. C'est la fable du lièvre et de la tortue revisitée où le lièvre ne dort jamais tandis que la tortue a besoin de sommeil.

La révolution évolutionnaire
mise en danger par l'état de connexion permanente

Important : SOIGNEZ VOTRE CERVEAU PENSANT, sinon le cerveau réflexe vaincra !

Si vous ne prenez pas délibérément le temps de la réflexion, votre cerveau réflexe vaincra, en particulier si vous êtes sous pression. Vous finirez par tirer des conclusions et par prendre des décisions certes rapides mais primitives, sinon stupides. Cela est dû notamment aux court-circuits émotionnels, ainsi qu'aux biais et aux heuristiques que nous avons déja évoqués. En voici deux autres exemples parmi des dizaines :

En raison du **biais de disponibilité**, vous surestimez la probabilité d'événements rares : vous craindrez davantage de mourir dans un attentat terroriste (probabilité de 1/2 000 000 000) qu'au volant d'une voiture (probabilité de 1/15 000). En plus, le **biais d'effet de mode** vous fait suivre la pensée collective, si stupide soit-elle, par exemple concernant le risque de mourir dans un attentat.

Dès l'instant où vous faites fi des besoins de votre cerveau pensant ou que vous le laissez ligoté par des « chaînes du cerveau » que je décrirai ultérieurement, le cerveau réflexe prendra le dessus. Ce phénomène accélère et simplifie souvent la prise de décisions dans des situations plutôt faciles, simples, prévisibles, dont vous avez l'expérience.

En revanche, il mènera à de très mauvaises décisions face à une situation nouvelle ou très complexe, imprévisible, ou encore cela peut arriver lorsque des nombres et des statistiques importent pour la décision. Ce type de problème peut se poser dans un contexte professionnel aux rythmes effrénés où l'on est connecté en permanence, sans bénéficier d'une marge de réflexion et où chaque pause est exploitée pour absorber de nouvelles informations.

Cerveau pensant   Cerveau réflexe primitif
en connexion permanente

Pour profiter d'une VRAIE ACTIVITÉ MULTITÂCHE, faites collaborer le cerveau pensant et le cerveau réflexe !

Si, après avoir lu les chapitres précédents, vous avez compris que le cerveau pensant peut effectuer plusieurs tâches à la fois seulement en collaboration avec le cerveau réflexe, vous y voyez juste.

Pendant que votre cerveau réflexe a affaire à des tâches routinières, votre cerveau pensant peut accorder de l'attention à d'autres sujets.

Lorsque vous apprenez pour la première fois à jouer du piano, il est difficile de réfléchir aux gestes différents à faire avec chaque main. Mais une fois cette partie du travail assumée par le cerveau réflexe, et qu'après des centaines d'heures d'entraînement vous n'avez plus à réfléchir au placement de vos doigts sur les bonnes touches, votre cerveau pensant est alors libre de se concentrer pleinement sur votre interprétation. Ensuite, après encore quelques centaines d'heures de piano, vous n'avez plus à réfléchir aux sons que vous voulez faire sortir. À ce stade, cela vient vraiment des tripes (c'est-à-dire, du cerveau réflexe). Vous pourriez atteindre un niveau tel que, même après un événement émotif gênant, les émotions négatives qui en découlent ne viennent qu'à peine perturber votre performance.

Votre cerveau pensant est même capable de se concentrer sur une activité totalement différente, comme par exemple regarder la télévision en tricotant. Mais si vous sautez une maille, ce qui mobilise alors votre attention, vous raterez le baiser échangé entre l'héroïne et le héros, parce que votre cerveau pensant ne peut se concentrer que sur une chose à la fois.

Dans beaucoup de situations, par exemple, lorsque vous conduisez votre voiture, votre cerveau pensant doit se trouver en mode veille pour réfléchir sur la façon d'améliorer vos activités routinières – conduire, cuisiner - ou pour réagir dans les situations qui sortent de l'eau. S'il n'est pas en mode veille, parce qu'il accorde de l'attention à votre téléphone, vous provoquerez un accident ou vous vous brûlerez les doigts.

Le multitâche est seulement possible dans une collaboration entre le cerveau pensant et le cerveau réflexe

Pendant que

le cerveau réflexe prend soin de nombreuses routines, inconsciemment

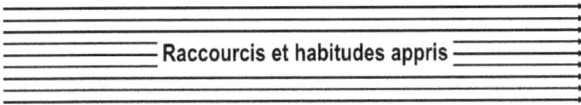

Raccourcis et habitudes appris

Le cerveau pensant est libre pour penser à la non-routine

Exemples: conduire, écrire, cuisiner, jouer d'un instrument de musique, pratiquer la chirurgie, écrire un livre, adopter une habitude, anticiper, etc ...

Cerveau pensant
Conscient: LENT
UNE chose à la fois

stimulus

Beaucoup de pratique
Feedback immédiat
Situation prévisible
→Automatisation/Expertise
Raccourcis/habitudes appris

BUT
Idée
Action
Choix
Décision

Cerveau réflexe
Inconscient: RAPIDE
BEAUCOUP en même temps

Cinq « chaînes cérébrales »

Chaîne cérébrale n°1 : l'état de CONNEXION PERMANENTE, cause fondamentale de votre manque d'efficacité

L'opportunité d'être connecté en permanence est bénéfique pour votre travail intellectuel, mais en réalité, être constamment connecté est absolument catastrophique pour ce travail.

Les technologies modernes nous permettent d'être connectés en permanence, comme bon nous semble, ce qui implique le choix du moment et du lieu de connexion. Utilisées à bon escient, toutes ces technologies formidables nous aident à travailler de manière plus efficace et efficiente, et à rester en contact avec plus de monde. Mais la majorité des professionnels sont passés de « comme bon leur semble » à « tout le temps et partout ». La liberté de choix a disparu. On se sent *obligés* d'être connecté tout le temps et partout. L'hyperconnectivité est devenue une mauvaise habitude voire une véritable addiction dans certains cas.

Le plus grand risque encouru par les professionnels réside dans le fait que l'hyperconnectivité ruine la réflexion, la lecture approfondie et les vraies conversations authentiques ; elle diminue significativement nos performances intellectuelles. La réussite d'un professionnel ne dépend pas de sa capacité à consommer les informations, mais de la façon intelligente dont il les traite et les génère.

En réagissant constamment aux textos, messages électroniques ou vocaux et discussions sur les réseaux sociaux, vous n'arrêtez pas de recevoir les informations venant de l'extérieur. De cette manière, vous privez votre cerveau du temps et de l'espace où il pourrait traiter les informations essentielles, les archiver dans la mémoire, « jouer » avec les idées que vous générez, créer ou tout simplement réfléchir.

Être toujours capable de se connecter,
c'est extraordinaire pour votre travail intellectuel !

✓ **Plus de liberté**: vous avez le choix.
✓ Vous **pouvez** toujours être disponible.
✓ Avec n'importe qui, n'importe quand et n'importe où.

Être toujours connecté
c'est désastreux pour votre travail intellectuel !

✓ **Moins de liberté**: vous n'avez plus le choix.
✓ Vous **devez*** toujours être disponible.
✓ Toujours, partout, pour tout le monde.

*Subjectif ! Névrose ? Addiction ?

L'état de connexion permanente (ECP) et les 13 problèmes que cela pose

1. *L'ECP empêche la réflexion qui, bien que plus monotone parfois, est généralement bien plus essentielle,* comprenant l'anticipation, la réflexion approfondie sur un sujet, ainsi que la mémorisation.

2. *L'ECP met votre cerveau en mode réactif impulsionnel continu.* Votre cerveau réflexe prend le dessus, et vos décisions deviennent instantanées, *ad hoc, avec* moins de discernement et de précision que les décisions auxquelles vous parvenez en utilisant votre cerveau pensant.

3. *L'ECP vous force à pratiquer l'activité multitâche.* La productivité, la capacité de mémoriser et la créativité diminuent, alors que le stress augmente.

4. *L'ECP est une arme de distraction massive.* Pour atteindre la productivité intellectuelle, vous devez accorder votre pleine attention à un seul sujet à la fois en protégeant votre cerveau pensant de toute distraction. (Voir ultérieurement)

5. *L'ECP entraîne une surcharge informationnelle.* Vous ne prenez plus le temps de traiter toutes les données ni de développer vos propres idées. Il en résulte une surinformation que votre cerveau n'est plus capable de traiter ni de stocker dans les délais disponibles. D'où l'impossibilité de faire les choix et de prendre les décisions qui doivent être le fruit d'une réflexion, ce qui augmente encore l'impression d'être excessivement chargé. Ce phénomène crée le contexte continu de stress cérébral qui peut s'avérer très démotivant.

6. *L'ESP provoque les accidents dans la vie quotidienne, au travail, sur la route.* Comme vous ne pouvez accorder de l'attention qu'à une chose à la fois, vous ne voyez pas le monde qui vous entoure lorsque vous vous vous vous occupez des TIC.

7. *L'ECP transforme les employés en « adhocrates », et les organismes en « adhocraties »* (remplaçant bureaucrates et bureaucraties). Les réactions *ad hoc*, influencées par les interruptions immédiates et inconsidérées ou plutôt irréfléchies vous éloignent du travail planifié et de vos idées.

8. *L'ECP vous fait succomber aux biais cognitifs* et aux heuristiques de votre cerveau réflexe primitif.

9. *L'ECP absorbe une grande quantité d'énergie que l'on ne peut plus consacrer à la réflexion.* Le flux incessant de petites décisions consomme autant d'énergie mentale qu'une grande décision importante. Vous laissez la main à votre cerveau réflexe en reportant les décisions importantes ou en faisant les choix les plus simples, les plus primitifs, irrationnels et impulsifs.

Les pires décisions et les mauvais choix, les erreurs et les autres comportements négatifs se font en général le soir, surtout si vous ne vous reposez pas ou si vous travaillez dans des bureaux open space.

10. *L'ECP élimine le temps de repos vital dont votre cerveau archivant a besoin pour conserver les informations et pour les mettre en ordre.* Faire fonctionner votre cerveau pensant à plein temps et en continu ne laisse pas suffisamment de puissance cérébrale pour permettre à votre cerveau archivant de faire correctement le stockage de toutes les informations ou de générer les idées créatives.

Ainsi, rester en permanence scotché au smartphone en essayant d'occuper la moindre seconde du temps que vous avez peur de perdre, n'a rien de judicieux : vous ne faites qu'ignorer le problème.

Nous devenons des

ADHOCRATES

dans des

ADHOCRATIES.

Ou des *ad-hoc*-rats?

À la place des
bureaucrates
dans des
bureaucraties…

11. *L'ECP gâche les conversations, les relations et les rencontres authentiques.* D'un côté, il y a la magie des technologies qui vous permet de vous connecter aux êtres chers ou à ceux dont vous avez besoin, quand et où bon vous semble. D'un autre côté, l'état de connexion permanente gâche souvent l'authenticité de l'échange.

D'aucuns se croient capables de suivre une conversation tout en traitant leurs courriels. J'ai expliqué précédemment que ceci relevait du pur délire !

12. *L'ECP gâche les réunions hors site.* Durant les réunions de réflexion stratégique hors site, il est difficile pour les managers d'oublier leurs opérations quotidiennes. Connecté en permanence avec leur bureau, avec leur site se trouvant dans leur poche, ils ne développent qu'une vision partielle, comparable à celle d'une sauterelle, alors qu'ils ont besoin d'une vision globale, comme s'ils regardaient la terre depuis un hélicoptère stratégique. En plus, le fait d'occuper les pauses par le traitement de nouveaux messages, souvent insignifiantes, empêche la mémorisation et la conservation des informations, étouffe la créativité et aboutit à la détérioration des relations d'équipe.

Enfin et surtout:

13. *Les personnes connectées en permanence perdent l'emprise sur leur vie.* Au moindre son du vibreur ou à la moindre sonnerie, elles disparaissent dans leur monde virtuel. Or, elles ne le choisissent pas consciemment, c'est le monde virtuel qui choisit pour elles. Elles finissent par ne jamais être présentes à 100 %. Leur cerveau pensant ne s'investit jamais pleinement. Leur productivité est faible. Leurs relations sont superficielles.

Au lieu d'avoir une vision d'« hélicoptère »
stratégique: élevée, large et long terme

connecté en permanence,
vous avez une vision de « sauterelle »
opérationnelle: basse, étroite, court terme et stressante.

Difficile de se déconnecter :
les 10 RAISONS DE LA DÉPENDANCE.
Un homme averti en vaut deux.

1. Être connecté procure du plaisir.

Chaque fois que vous réagissez à un message, vous recevez dans votre cerveau une petite dose de la dopamine qui est une hormone du plaisir. Voilà pourquoi beaucoup de gens se rendent sur Internet dès qu'ils ont un petit coup de mou. Quand une tâche mobilise toute votre concentration, cette dopamine, vous ne la recevez pas. Cette concentration est énergivore. En revanche, le fait d'achever un travail vous procure un sentiment de satisfaction plus durable. Le problème est que le plaisir immédiat a tendance à l'emporter sur la satisfaction à long terme.

2. Nous avons une tendance innée pour la gratification instantanée.

L'ECP peut vous procurer une gratification instantanée et continue de vos besoins de nouveauté, d'action, de plaisir, il peut faire en sorte que vous vous croyiez nécessaire, que vous vous sentiez important, etc. Toutefois, pour réussir dans la vie, il est très important d'être capable de reporter la gratification à plus tard. Dans son étude de renommée mondiale, Walter Michel a démontré de manière convaincante que les enfants âgés de quatre à six ans qui étaient capables de reporter la gratification, devenaient de jeunes adultes obtenant de meilleures notes à l'école, présentant moins de risques d'obésité ou de toxicomanie, et moins susceptibles de connaître un divorce.

3. Nous avons une tendance innée à développer des habitudes.

L'avantage de cette capacité de développer facilement des habitudes nous simplifie considérablement la vie. Elles nous permettent d'agir de manière plus « économique » dans bien des situations quotidiennes, c'est-à-dire, agir sans réfléchir. Si l'on n'arrive pas à gérer notre connectivité, cela peut également devenir une habitude. En résultat de quoi nous nous connectons sans réfléchir et il nous devient difficile de se débarrasser de cette habitude.

4. Nous avons une tendance innée à développer des réflexes conditionnés.

Par une réaction conditionnée, les chiens de Pavlov se mettaient à baver à la vue de l'assistant de laboratoire qui les nourrissait, même lorsque ce dernier n'apportait pas de nourriture. Par la suite, Pavlov a démontré que n'importe quel élément qui avait été présenté au chien en même temps que la nourriture entraînait chez lui la salivation même en l'absence de nourriture. Le même processus se produit au son de votre téléphone ou à la moindre sensation d'ennui. Ces facteurs déclencheurs vous font cesser toute activité en cours pour saisir votre téléphone. Un travail important, des conversations, des activités familiales ou la vie réelle : rien de tout cela ne va contrer le réflexe pavlovien consistant à se connecter.

5. Nous avons une tendance innée à privilégier une réaction rapide à une réflexion lente.

À l'époque où nos ancêtres préhistoriques étaient confrontés à des tigres à dents de sabre, toute tendance à trop réfléchir aurait été autodestructrice pour eux. De nos jours, l'inverse est souvent vrai : l'absence de réflexion relève souvent de l'autodestruction.

6. Nous avons une tendance innée à redouter le danger.

Les signaux de danger potentiel captent nettement plus d'attention que les signaux indiquant que tout va comme sur des roulettes.

Ainsi, tout message porteur de mauvaises nouvelles, ainsi que tout élément qui nous fait peur, nous perturbe ou nous avertit d'un danger imminent, renforcent le besoin de consulter notre boîte de réception avec la fréquence qui correspond en général à notre degré d'anxiété.

Les descendants du chien de Pavlov

Avant le conditionnement :

Pendant le conditionnement :

Après le conditionnement :

7. Nous avons une tendance innée à être curieux.

Réaction exploratoire aux objets nouveaux, la curiosité est ancienne en termes d'évolution, puisqu'elle relève du cerveau réflexe, et qu'elle ne demande pas d'efforts considérables. Elle joue un rôle important dans la survie. De plus, la découverte d'une nouveauté stimule la substance chimique cérébrale qui est à l'origine de l'excitation.

8. Nous avons une tendance innée à la dépendance.

Lorsque votre habitude vire à l'addiction, vous perdez l'emprise sur votre vie : c'est votre habitude qui vous maîtrise. Vous ressentez le besoin d'agir de la sorte, même si cette activité a un impact négatif sur des aspects plus importants de votre vie. Agir de cette façon vous permet désormais de vous sentir mieux. Votre cerveau produit une substance chimique stimulante, et cesser ce comportement vous met mal à l'aise.

9. Nous avons un besoin inné d'appartenance.

Le désir d'appartenance est tout à fait normal : il provient du désir d'être accepté par les personnes importantes à vos yeux. Personne n'aime l'exclusion. Cependant, les personnes qui manquent d'assurance réagissent souvent de manière excessive, en manifestant notamment une anxiété intense à la moindre vexation. De ce fait, elles souffrent d'une peur de l'exclusion (*fear of being excluded* en anglais, FOBE), en particulier sur les réseaux sociaux, où un clic de souris suffit à mettre fin à une amitié. Au lieu de se déconnecter des réseaux sociaux, ces individus s'y impliquent d'autant plus compulsivement, en vain, pour gagner leur acceptation tout en augmentant le risque de rejet, créant ainsi un douloureux cercle vicieux. Cette angoisse est également exploitée par les développeurs d'applications.

10. Nous avons tendance à s'intéresser en permanence à l'activité des autres.

Il est normal d'éprouver le besoin d'appartenance à un groupe. Or, ce besoin peut générer la peur de manquer quelque chose (*fear of missing out* ou FOMO en anglais). Il s'agit de craindre en permanence que les autres puissent vivre des expériences gratifiantes en notre absence.

Dans le flux incessant d'informations peu pertinentes, on passe forcément à côté de certaines choses. La crainte est d'autant plus grande chez les personnes qui manquent d'assurance. Elles ressentent dès lors un besoin constant d'être connectées en permanence, de savoir à tout moment ce que les autres font. Les développeurs d'applications exploitent de manière dissimulée cette peur pour vous attirer vers leurs produits, en vous permettant ainsi de rester « à jour », en conformité avec le moment présent.

Conclusion : une personne avertie en vaut deux.

Les mécanismes neuropsychologiques évoqués ne définissent pas vos réactions mais ont tendance à les façonner.

De plus, de manière furtive et dissimulée, les développeurs d'applications nous séduisent, nous appâtent, nous manipulent et nous volent.

À l'instar des scientifiques, ils sont bien souvent au courant des raisons pour lesquelles la déconnexion peut être si difficile.

Ils utilisent ces connaissances en les complétant avec les données des études neuropsychologiques les plus avancées pour vous appâter, vous séduire et vous rendre dépendant de leurs produits.

Prendre conscience de la situation peut vous aider à couper les fils de ces « marionnettistes » et à vous déconnecter régulièrement.

Quoi qu'il en soit, si vous vous habituez à l'état de connexion permanente, il vous sera difficile de vous en déshabituer, surtout au tout début. Mais qui ne tente rien n'a rien, d'autant plus que beaucoup de personnes ont quand même réussi à le faire.

Gare aux pièges tendus par les développeurs web et les spécialistes de marketing !

Chaîne cérébrale n°2 :
L'ACTIVITÉ MULTITÂCHE

Le multitâche sape votre productivité. En voici les 11 raisons.

Permettez-moi à nouveau de le crier haut et fort : **votre cerveau pensant n'est pas capable de pratiquer l'activité multitâche !** Point barre. L'activité multitâche a un impact extrêmement négatif sur votre productivité intellectuelle.

- Chaque tâche prend plus de temps à cause des interruptions.

- À chaque transition, votre mémoire de travail doit être nettoyée et préparée en vue de la tâche suivante ; ceci en parquant les informations de la première tâche dans votre mémoire tampon.

- Ce processus diminue significativement la qualité de votre travail.

- Elle vous fait perdre d'informations de votre mémoire, en raison de la jonglerie continue entre la mémoire de travail, la mémoire tampon et la mémoire à long terme.

- Elle vous fait perdre de la concentration. Par conséquent, essayer de maintenir votre concentration devient d'autant plus énergivore.

- Elle augmente significativement les erreurs stupides, ce qui exige souvent davantage de temps pour les corriger.

- C'est un poison pour votre créativité.

- Elle augmente le risque d'accidents au travail, dans la rue, à la maison.

- Elle empêche de faire les tâches d'importance vitale par exemple, s'adonner à la lecture approfondie et aux vraies conversations.

- En présence d'autrui, cela mène à un manque d'écoute et de communication, et relève souvent de la pure grossièreté.

- Elle accroît le stress, etc.

L'ACTIVITÉ MULTITÂCHE
EST L'ART DE RUINER
PLUSIEURS TÂCHES
EN MÊME TEMPS

Chaîne cérébrale n°3 : LE STRESS, l'ami et l'ennemi de la productivité intellectuelle

Plus grande sera votre résilience, meilleures et plus saines seront vos réactions vis-à-vis des grandes exigences.

Vous ne pouvez pas toujours éliminer la source de stress : elle peut par exemple être inhérente à votre travail. En revanche, vous pouvez toujours travailler à l'amélioration de votre résistance au stress. De plus, le stress est un phénomène personnel, subjectif. La même source de stress pour l'un sera considérée comme un défi ou un stimulant par un autre. Si vous avez une vision négative du stress, vous ressentirez plus rapidement et plus souvent du stress négatif. Ne perdez donc pas de vue l'aspect positif et stimulant du stress. Vous avez besoin d'une dose saine de stress pour délivrer une performance optimale. Le stress peut encourager l'amélioration des performances, l'augmentation de la coopération, la créativité, peut repousser vos limites et vous aider à trouver des solutions nouvelles à des problèmes anciens.

Le stress peut être votre meilleur allié au sens où il peut vous aider à travailler plus vite et mieux si vous subissez la juste quantité de pression au bon moment. Le manque de stress entraîne l'ennui et le sentiment de ne pas exploiter suffisamment vos compétences. Une vie dépourvue de stress n'est certainement pas ce que vous voulez. Travailler à un bon équilibre entre stress et résilience est une tâche vitale.

Ce n'est pas le fait de subir une grande quantité de stress qui nous rend malade, mais l'absence de temps de récupération suffisant. Le bon stress est celui qui survient à intervalles. Avant d'atteindre la zone où le stress devient dangereux, nous sommes toujours avertis de la nécessité de remédier à ce déséquilibre émotionnel à l'aide des signaux psychologiques et physiques (Pour en savoir plus sur le stress, voir infra et lisez mon livre Stress : Friend and Foe. Traduction française Stress : Ami et Ennemi prévue pour début 2018).

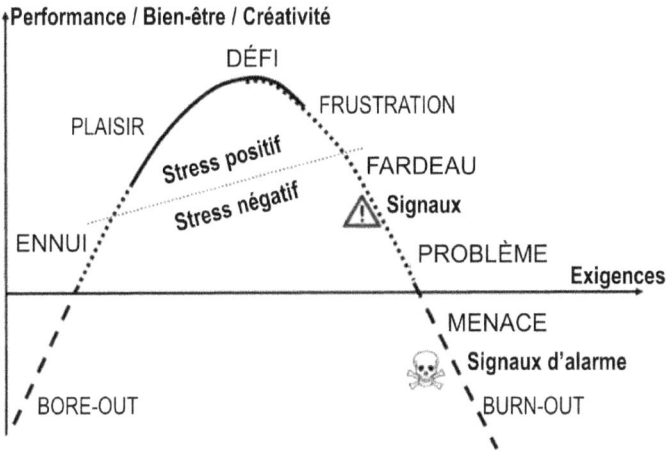

Performance / Bien-être / Créativité

DÉFI

FRUSTRATION

PLAISIR

Stress positif

FARDEAU

Stress négatif

⚠ Signaux

ENNUI

PROBLÈME

Exigences

MENACE

☠ Signaux d'alarme

BORE-OUT

BURN-OUT

Chaîne cérébrale n°4 :
LE MANQUE DE PAUSES ET DE SOMMEIL.
Câblé et accablé

Le manque de sommeil nuit à votre corps et à votre esprit. Il gâche votre productivité intellectuelle, votre créativité et votre santé, vous rend moins heureux et vous donne une apparence moins attrayante.

Comme l'indiquent les Centres de contrôle et de prévention des maladies dans une enquête menée à l'échelle nationale aux États-Unis en 2012, « le manque de sommeil est une véritable épidémie pour la santé publique ».

Parce que le manque de sommeil chamboule l'horloge interne qui coordonne l'ensemble des processus de notre organisme, il augmente le risque de nombreux troubles comme les maladies cardiaques, les troubles infectieux, le diabète, l'obésité et surtout les troubles de l'humeur.

Le manque de sommeil a des répercussions sur notre santé individuelle et sur notre productivité intellectuelle, mais aussi sur la santé nationale, c'est-à-dire sur celle de nos entreprises et, plus généralement, de notre économie.

Trop de gens considèrent le sommeil comme une perte de temps. Ils restent connectés trop tard, souvent par crainte de manquer quelque chose dans le flux infini d'informations. Nombreux sont ceux qui rétorquent : « Oui, mais je travaille mieux en soirée.» Effectivement, les études nous ont appris qu'il existe des «hiboux» et des «alouettes». Les personnes typiquement créatives sont souvent des «hiboux» : ce sont des individus qui veillent tard et se lèvent tard. Les gens qui réussissent professionnellement sont souvent le plus souvent des «alouettes », qui se lèvent tôt et se couchent tôt. En général, les «alouettes» fonctionnent mieux et sont plus productifs que les «hiboux». 60 % de la population se trouve entre ces deux types de personnalité.

Cependant, dans la plupart des cas où j'ai affaire à des professionnels se qualifiant d'«hiboux» typiques, ces derniers s'avèrent être de «faux hiboux», qui se couchent tard mais se lèvent tôt et vivent avec une dette de sommeil chronique.

L'impact important du manque de sommeil

PHYSIQUE
- ✓Tolérance au glucose ↓ Diabète ↑ Hormone thyroïdienne ↓
- ✓Hormone de croissance ↓ Cortisol ↑
- ✓Système immunitaire ↓
- ✓Poids ↑ ↑ (jusqu'à **2 x** plus de risque d'obésité)
- ✓Vitesse de vieillissement ↑
- ✓**Espérance de vie** ↓
- ✓etc.

PSYCHOLOGIQUE
- ✓Patience ↓ Sens de la nuance ↓ Discernement ↓
- ✓Concentration↓ ↓ Mémoire ↓↓
- ✓Jugement ↓ Capacité de décision ↓
- ✓Créativité ↓↓ Multitâche ↓
- ✓Dépression ↑ Sautes d'humeur ↑
- ✓Sentiment de bonheur ↓ Enthousiasme ↓
- ✓Appétit sexuel ↓
- ✓etc.

RELATIONS SOCIALES
- ✓Relations familiales ↓Relations sexuelles ↓↓
- ✓ Apparence plus âgée ↑
- ✓ **Attractivité** ↓
- ✓ etc.

Chaîne cérébrale n°5 :
LES BUREAUX EN OPEN SPACE.
Un désastre pour le travail intellectuel

Les principales causes de distraction sont liées à la façon dont vous utilisez vos TIC. Cependant, il en est un facteur sur lequel vous n'avez pas d'emprise : c'est le bureau en open space. Dans ce type de bureau, les travailleurs sont interrompus en moyenne toutes les deux minutes. Travailler dans un bureau ouvert est donc désastreux pour le cerveau pensant de l'*Homo Interruptus* moderne. Les cages des zoos modernes sont mieux adaptées aux animaux que les bureaux contemporains ne le sont aux employés, parce que les directeurs de zoos modernes en savent plus sur les besoins innés des animaux que ce que savent les cadres sur les besoins innés des membres de leur personnel.

La solution ne consiste pas à revenir aux cages à lapin individuelles du passé, mais plutôt à recourir à des bureaux flexibles. Ceux-ci permettent toujours au travailleur de trouver le type d'environnement adapté à chaque tâche.

Malheureusement, la plupart des bureaux flexibles ont leurs priorités faussées. Pour le travail cérébral non routinier, les priorités absolues doivent être l'attention, la concentration et la focalisation. La communication vient en deuxième lieu, et non l'inverse. La priorité absolue doit consister à éliminer autant que possible les interruptions, avec une attention toute particulière portée à l'élimination des nuisances sonores.

Le présent ouvrage se concentre sur toutes les actions que vous pouvez entreprendre au sein de votre propre domaine de contrôle. Le bureau ouvert en est exclu. En conséquence je ne m'attarderai pas sur la question. Si vous cherchez des informations scientifiques pour engager une discussion avec la direction concernant le type de bureau dont les travailleurs intellectuels ont besoin pour une productivité optimale, vous pouvez télécharger un fascicule gratuit et libre de droits, intitulé *How to design brain-friendly open offices* (Comment concevoir des bureaux « *cérébrophiles* ») sur le site Web **www.brainchains.info**, onglet « Free Book ».

Les cages des zoos modernes
sont mieux adaptées aux animaux
que les bureaux modernes
ne le soient aux êtres humains,

the open office

is naked

car les directeurs de zoos modernes savent
mieux ce qui est bon pour leurs animaux
que les PDG* modernes n'en savent
sur les besoins réels de leurs collaborateurs.

Manque d'espace privé	Manque d'intimité : BRUIT !	Epuisement cognitif et
Privacy	Nº1 = téléphone	émotionnel

*les directeurs des services généraux, les architectes, les managers RH, les promoteurs ...

QUATRE CHAÎNES CÉRÉBRALES RÉUNIES: Les courriels et les réseaux sociaux, ces armes de distraction massive

Pendant la lecture des pages qui précèdent, vous aurez certainement compris que les courriels, les réseaux sociaux, les actualités en ligne, etc. constituent une forte combinaison de ces quatre chaînes emprisonnant votre cerveau. En vous impliquant beaucoup dans ces applications, vous :

1. êtes connecté en permanence,

2. pratiquez l'activité multitâche,

3. augmentez votre stress négatif,

4. veillez trop tard.

Certains appellent ce phénomène l'« *e-mail monster* ». Mais il n'a rien d'un monstre, dans la mesure où c'est vous qui en êtes le créateur. C'est votre Frankenstein numérique à vous. Si vous n'apprenez pas à maîtriser votre Frankenstein, il détruira votre productivité intellectuelle, votre créativité et votre bien-être. J'expliquerai ultérieurement comment vous pouvez apprivoiser ce Frankenstein.

Vous aurez affaire à de véritables armes de distraction massive, si vous laissez ce phénomène s'immiscer dans votre travail intellectuel. Pour les managers, la situation est encore pire, car ce phénomène les tient à l'écart de de leur tâche principale : leur implication dans la gestion du personnel.

J'ai expliqué précédemment pourquoi ces armes de distraction massive étaient si addictives non pas dans le but de vous décourager mais pour vous sensibiliser à la difficulté que la reprise de contrôle peut représenter. Cet avertissement vous permet de vous préparer.

Au début, il est difficile de se défaire d'une habitude. La dépendance vous fera trouver une douzaine de prétextes pour ne pas changer. Une fois que vous avez développé de nouvelles habitudes, résister devient nettement plus facile, même s'il peut vous arriver à l'occasion de renouer avec vos mauvaises anciennes habitudes. Nous passons tous par là. Je ne fais pas exception à la règle.

ARMES DE DISTRACTION MASSIVE

DÉTRUISANT LA PRODUCTIVITÉ INTELLECTUELLE
à chaque minute

Nous avons envoyé 204 millions de courriels
et 20,8 millions de messages WhatsApp.
Nous avons fait 4 millions de recherches Google.
Nous avons partagé 3 millions de posts sur Facebook.
Nous avons vu 2,8 millions de vidéos YouTube
et 1 million de vidéos Vimeo.
Nous avons évalué 1 million de partenaires sur Tinder.
Nous avons partagé 527 000 photos sur Snapchat
Nous avons envoyé 50 000 tweets.
Nous avons dépensé 183 000 $ sur Amazon.com…

VOUS POUVEZ TUER VOTRE CERVEAU si vous utilisez votre téléphone ou d'autres TIC en conduisant

Chaque année, on compte trois fois plus de décès sur la route à cause d'un conducteur qui téléphonait au volant que de victimes dans les attentats du 11 Septembre.

Lorsque vous conduisez, c'est votre cerveau réflexe qui prend la routine en charge. Vous y êtes tellement habitué que vous croyez que votre cerveau pensant est capable de se concentrer sur une conversation téléphonique pendant ce temps. Les centaines de projets de recherche que j'ai résumés dans mon ouvrage BrainChains montrent que cette idée est totalement fausse. Utiliser les TIC en conduisant est la pire cause de distraction, parce que votre téléphone est toujours à votre disposition. **Le risque d'accident est multiplié par huit**. *Pis encore : envoyer ou seulement lire des textos en conduisant multiplie par 23 le risque d'accident ! Les appels avec le kit mains libres ne font aucune différence, car c'est votre cerveau qui est le goulet d'étranglement.* Ainsi, même les systèmes de commande vocale ne diminuent **pas** le risque.

Pratiquer l'activité multitâche au bureau est peu recommandable mais n'est guère dangereux. Au volant, bien. Être au téléphone entrave considérablement votre temps de réaction. Votre vision est également impactée. Vous êtes aveuglé et vous avez une vision en tunnel. La qualité de votre conversation téléphonique est dégradée. Les chauffeurs au téléphone commettent 70 % d'erreurs de plus en répondant à des questions élémentaires. C'est pourquoi parler affaires au volant n'est pas uniquement dangereux, c'est aussi très mauvais pour les affaires.

La plupart des gens pensent qu'ils peuvent faire cela en toute sécurité parce que leur attention est devenue infirme à un tel point qu'ils ne perçoivent même plus les signaux ou les symptômes répétés de leur mauvaise conduite.

Téléphone au volant: risque de x 4 à x 8 !
Envoyer des sms : RISQUE X 23 !!
MAINS LIBRES ET COMMANDE VOCALE
NE FONT AUCUNE DIFFÉRENCE
Le goulot d'étranglement,
c'est votre cerveau !

Cinq casse-chaînes

Casse-chaînes n°1 :
SE DÉCONNECTER FRÉQUEMMENT
La connectivité n'implique pas un état de disponibilité permanente.

Pour libérer votre cerveau pensant, il faut casser les cinq chaînes qui l'entravent, à l'aide de cinq casse-chaînes. De là mon néologisme « Casse-chaînes ». La plus importante solution à appliquer pour tirer le meilleur parti de votre cerveau et de vos TIC consiste à planifier des plages horaires régulières de déconnexion dédiées au travail ou aux conversations focalisées et sans interruption. À défaut de quoi, vous n'obtiendrez jamais les meilleurs résultats parce que vous ne pourrez pas exécuter la plus phénoménale de toutes les solutions : le traitement par lots (*batch processing* en anglais, voir plus loin).

La durée minimale de votre déconnexion doit être de 2 × 45 minutes par jour. Défendez-vous sur ce point bec et ongles. *Même si vous oubliez tous les autres conseils de cet ouvrage et décidez de ne mettre en œuvre que celui-ci, vous augmenterez quand même votre productivité cérébrale de manière significative.* Vous devrez faire preuve de créativité, vous montrer implacable voire sans merci vis-à-vis de votre entourage et envers vous-même.

Avant tout, repérez le moment de la journée où votre cerveau pensant fonctionne le mieux. Quand je pose cette question aux personnes ou aux équipes que je coache, nombre d'entre elles n'ont pas de réponse car elles sont dérangées à chaque heure, sinon à chaque minute de la journée. Si vous aussi vous l'ignorez, commencez par tester, à différents moments de la journée, des plages horaires réservées à votre travail intellectuel, afin de découvrir la plage horaire ou vous êtes le plus efficace.

Pour la majorité des gens, le meilleur moment est le matin, après une bonne nuit de sommeil. Par la suite, j'expliquerai pourquoi il est important de programmer ce moment avant d'ouvrir vos courriels ou toute autre source de messages.

Quel que soit le meilleur moment pour l'épanouissement de votre intellect, préservez cet « espace sacré » dédié au travail intellectuel important et faites en sorte que rien ne vous dérange.

Protégez ce moment tel un trésor. Ne laissez personne vous le dérober. Ne confondez pas la connectivité avec la disponibilité permanente.

11 RAISONS pour se déconnecter régulièrement

1. Déconnectez-vous pour vous concentrer ! L'ECP crée des interruptions continues, assassine la concentration, vous fait tourner au ralenti, augmente les erreurs et compromet la sécurité.

2. Déconnectez-vous pour réfléchir : pour penser loin, large, en profondeur et de manière innovante !

3. Déconnectez-vous pour archiver, pour améliorer votre mémoire.

4. Déconnectez-vous pour faire preuve de créativité ! Donnez à votre cerveau archivant l'occasion de trouver des combinaisons d'informations créatives.

5. Déconnectez-vous pour faire preuve de proactivité. L'ECP vous transforme en « adhocrate » primitif et réactif en permanence.

6. Déconnectez-vous pour vaincre l'indigestion informationnelle ! L'ECP entraîne une surcharge d'informations hors de propos.

7. Déconnectez-vous pour faire preuve de sagesse ! L'ECP épuise la volonté et la maîtrise de soi, il provoque une fatigue décisionnelle.

8. Déconnectez-vous pour vous reconnecter ! L'ECP gâche souvent les vraies relations, conversations, discussions et réunions.

9. Déconnectez-vous et désengagez-vous pour penser de façon stratégique ! L'ECP conduit à une vision fragmentée, au lieu de mener à une vision stratégique globale.

10. Laissez-les se déconnecter, faites-les se déconnecter ! Exiger que vos collègues et employés soient connectés en permanence est une bévue contre-productive qui coûte cher.

11. Faites-vous aider pour vous déconnecter si votre connectivité est une mauvaise habitude ou relève de l'addiction.

Déconnectez-vous pour penser de manière stratégique.

Casse-chaînes n°2 :
LE TRAITEMENT PAR LOTS

Commencez par planifier des « lots de réflexion »

La solution est très simple, mais souvent difficile à réaliser: pour accroître votre efficacité et votre productivité intellectuelle tout en diminuant votre sensation de stress, vous devez réduire radicalement et sans pitié le nombre de transitions entre les tâches.

La solution est le « traitement par lots » (*batch tasking* ou *batch processing*). Cette opération consiste à organiser votre travail intellectuel le plus important dans une « cage blindée ». Consulter vos courriels et rester sur les réseaux sociaux de manière continue est le pire ennemi de votre cerveau pensant. L'autre ennemi mortel de votre activité cérébrale est la disposition des bureaux en open space.

Agencez implacablement votre environnement de travail afin d'éliminer les sources de distraction. Si vous avez une porte, fermez-la. Vous n'avez pas de porte ? Cherchez un espace qui en possède une ou masquez votre espace de travail avec un écran. Mettez-vous des bouchons dans les oreilles et un casque audio sur la tête. Il n'est pas nécessaire que ce dernier fonctionne vraiment, mais il envoie aux autres un message fort : « Ne pas déranger.» Installez une pancarte « Ne pas déranger », ou, plus gentiment, celle qui dit « Je suis tout à fait à votre disposition dès 11 heures », coupez votre téléphone et désactivez toutes les fenêtres *pop-up* et les signaux sonores de votre ordinateur, de votre smartphone et de votre tablette. Paramétrez ce même avertissement bien clair « Ne pas déranger » sur votre boîte vocale. Il doit faire partie de vos messages d'absence automatiques. Clôturez ce « lot » de travail intellectuel par une pause pour archiver les informations que vous venez de traiter. La longueur de la pause doit être proportionnelle à la difficulté du travail effectué.

C'est le conseil le plus important de tout le livre. Pour optimiser votre productivité et votre créativité, vous devez protéger votre cerveau pensant, extrêmement performant mais vulnérable, de toutes les distractions incessantes qui séduisent votre cerveau réflexe – primitif, robuste et inépuisable.

Arrêtez le multitâche

Commencez la gestion par lots

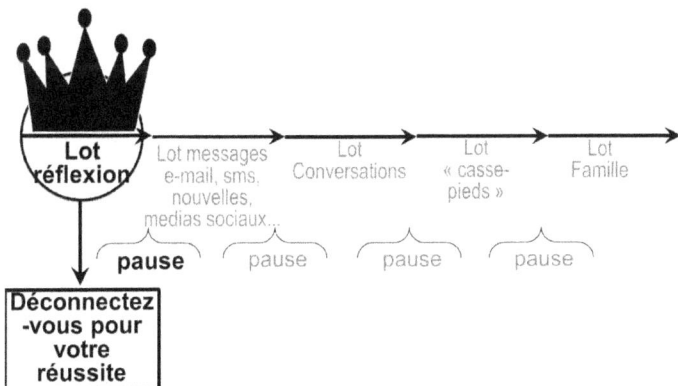

Lot réflexion

Lot messages e-mail, sms, nouvelles, medias sociaux...

Lot Conversations

Lot « casse-pieds »

Lot Famille

pause   pause   pause   pause

Déconnectez-vous pour votre réussite

Le lot le plus difficile : établir un ABRI contre les ARMES DE DISTRACTION massive

Si un jour vous voulez rétablir la pleine puissance de votre cerveau pensant, c'est vous qui devez avoir le contrôle sur vos TIC, et non l'inverse. Vous devez rompre l'habitude très contre-productive de consulter constamment votre téléphone et vos emails chaque fois qu'ils vous commandent, et ce de façon radicale. Vous n'avez pas le choix.

C'est l'action la plus cruciale que vous puissiez entreprendre pour libérer la puissance de votre cerveau. Un point c'est tout.

Vous devez traiter tous vos messages en un minimum de lots quotidiens. Pour la plupart des gens, quatre lots par jour suffisent. Vous devez ériger un mur infranchissable autour du lot. Vous devez gérer ces lots en adoptant l'attitude d'un vrai professionnel, et non celle d'un consommateur accro. C'est à vous de décider de la quantité de temps que vous y consacrerez, du lieu et du moment où vous le ferez. Vous devez exécuter ce lot dans un cadre professionnel avec des matériels et logiciels professionnels, et surtout pas sur votre smartphone, au moyen de deux pouces maladroits sur un écran riquiqui. Votre téléphone est un gadget et un outil de secours. Il n'est absolument pas adapté à un travail professionnel efficace.

Vous serez surpris de constater que vous réduisez le temps que vous consacrez à vos courriels et que ceux-ci gagnent en qualité, rien qu'en les traitant par lots et en vous déconnectant ensuite pour le restant de la journée. Vous éprouverez de grandes difficultés au début, mais une fois cette habitude prise, vous verrez une énorme différence en termes de productivité, de créativité et de stress. Les nombreuses personnes qui y sont parvenus ont noté une augmentation de leur efficacité et ont été épatées par la quantité de temps supplémentaire qui était désormais à leur disposition.

Arrêtez le multitâche

Commencez la gestion par lots

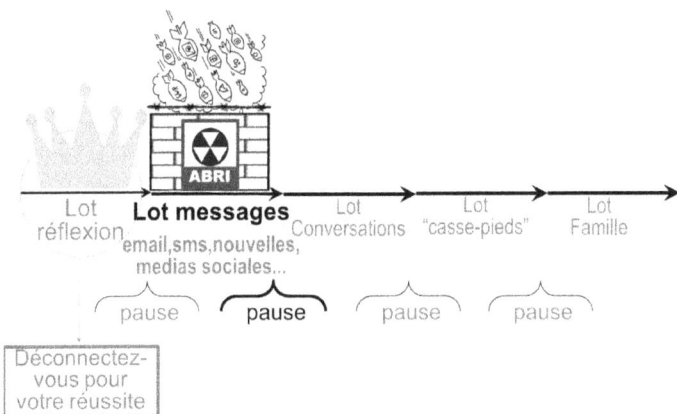

| Lot réflexion | **Lot messages** email,sms,nouvelles, medias sociales... | Lot Conversations | Lot "casse-pieds" | Lot Famille |

pause   **pause**   pause   pause

Déconnectez-vous pour votre réussite

Quelques astuces pour
PROTÉGER VOTRE CERVEAU PENSANT

Débarrassez-vous de l'habitude inefficace qui consiste à répondre immédiatement aux courriels. Tout professionnel a le droit et l'obligation d'exécuter son travail intellectuel sans être interrompu.

Le matin, prenez le temps de réfléchir, reportez les messages de toute sorte à plus tard. Terminez d'abord ce lot matinal.

N'écoutez pas les sirènes qui vous attirent vers votre messagerie, ce lieu où le bateau de votre créativité risque d'échouer, ne prêtez pas attention aux bips de votre ordinateur et aux fenêtres pop-up qui s'affichent.

Ce n'est pas à eux mais à vous de décider du moment où vous consultez vos messages. Désabonnez-vous de toutes les annonces automatiques venant des grands dévoreurs de votre temps via les courriels, les réseaux sociaux et les sites de nouvelles.

Découvrez comme il est simple de programmer votre logiciel de courrier électronique pour qu'il archive automatiquement vos CC-mails. Ne vous servez pas de votre messagerie comme d'une liste de tâches à faire (*to-do list*), mais notez directement le travail important dans votre agenda, et les tâches sans importance sur une liste de vos tâches « casse-pieds » (*shit-task-batch*). (Voir suite.)

Si vous redoutez la déconnexion totale visant à protéger votre travail intellectuel essentiel parce que vous craignez de manquer une véritable urgence, aménagez une échappatoire. Demandez à un collègue de garder un œil sur votre téléphone et vos courriels pour vous prévenir au cas où vous recevriez une demande vraiment urgente, et faites la même chose pour votre collaborateur quand il commence son lot de travail intellectuel Procurez-vous un tout petit téléphone privé de secours très simple qui ne sera pas un smartphone et qui restera constamment allumé. Mentionnez son numéro d'appel dans votre message d'absence, sur votre boîte vocale et votre message « out of office » exclusivement pour ceux qui auraient réellement besoin de vous de toute urgence, et surtout pour diminuer votre propre angoisse

Vous trouverez dans mon livre *BrainChains* bien plus d'astuces très détaillées, pratiques et sûres.

LE PROBLÈME N'EST PAS LA TECHNOLOGIE !

TOOLS

Le problème est la façon dont nous utilisons ces outils fantastiques

Ne laissez pas le BAVARDAGE ET LES TÂCHES CASSE-PIED non planifiés gâcher votre travail important et pratiquez le traitement par lots chez vous également

Les tâches « emmerdeuses » sont des corvées que vous n'appréciez pas et que vous ne savez pas déléguer. Vous ressentez de la frustration quand on vous les confie et vous essayez de les reporter, mais elles vous turlupinent continuellement l'esprit. Il vous arrive bien trop souvent de devoir mettre de côté un travail nettement plus important parce qu'une petite tâche fastidieuse est soudainement devenue urgente.

La solution consiste à planifier chaque semaine « un lot cassepieds ». Ainsi, à la réception de ce genre de corvée, vous pouvez mettre celle-ci sur une liste et programmer une fois par semaine une plage horaire pour traiter toutes ces tâches à la fois. Cette méthode diminuera votre frustration à leur réception, et elles cesseront de vous torturer, puisque vous aurez planifié un moment pour les traiter. Vous diminuez ainsi le risque qu'elles viennent perturber un travail important. De plus, exécuter une de ces tâches ne vous procure pas de grande satisfaction, mais se débarrasser d'une bonne pile à la fois – surtout à l'approche du week-end – vous apportera une satisfaction agréable.

Enfin et surtout : pratiquez aussi le traitement par lots chez vous. Aménagez du temps sans connexion pour le travail, le ménage et les relations familiales. Ce point est particulièrement important si vous avez des enfants. A ma grande surprise, mes recherches ont démontré que les enfants qui sont connectés en permanence et pratiquent l'activité multitâche dès leur jeune âge, ne gèrent pas leur rapport aux technologies de la meilleure façon. Au contraire ! Non seulement que « les enfants du numérique » ne sont pas des cadors du numérique, mais leur état de connexion permanente a une incidence négative sur bien des aspects de leur développement. Eux aussi doivent apprendre à pratiquer le traitement par lots, et ce le plus tôt possible. Les meilleurs endroits pour acquérir cette compétence salvatrice pour leur future carrière sont la maison et l'école.

Arrêtez le multitâche

Commencez la gestion par lots

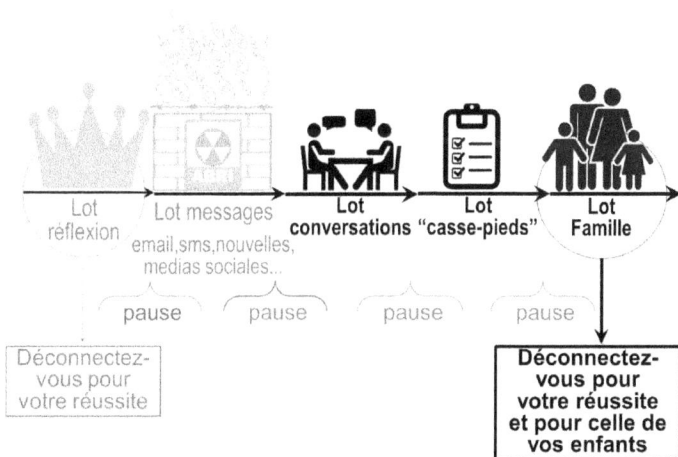

| Lot réflexion | Lot messages email,sms,nouvelles, medias sociales... | Lot conversations | Lot "casse-pieds" | Lot Famille |

pause   pause   pause   pause

Déconnectez-vous pour votre réussite

Déconnectez-vous pour votre réussite et pour celle de vos enfants

Casse-Chaînes n°3 : 6 moyens pour ÉQUILIBRER VOTRE BALANCE de stress

La métaphore d'une balance veut dire que votre but n'est pas d'éliminer tout stress, mais de trouver un équilibre entre vos devoirs et vos ressources. Il existe six solutions pour remédier à un déséquilibre :

1. Vous pouvez diminuer les exigences. Le fait d'avoir trop de pain sur la planche est généralement le fruit de votre incapacité à dire « Non » ou « Non, à moins que ... » ou encore mieux « Oui, je peux si... » quand vous êtes dans l'obligation d'exécuter cette demande. Bien sûr que l'état de connexion permanente pèse très lourd sur ce plateau.

2. Vous pouvez augmenter vos ressources qui se résument par l'acronyme **R-TEAM** :

Prenez-vous bien soin de vous, de votre **Résilience**, de votre forme ?

Gérez-vous correctement votre **Temps** ? L'état de connexion permanente et l'activité multitâche qui en découle sont particulièrement chronophages.

Avez-vous l'**Expertise** pour faire face aux demandes ? Dans la négative, devriez-vous suivre une formation ou embaucher un coach ou un mentor ?

Lorsque vous répondez aux demandes, accordez-vous une **Attention** totale ou êtes-vous continuellement distrait ?

Enfin, disposez-vous des moyens **Matériels**, du hardware, du software et des ressources humaines et financières nécessaires pour y parvenir ?

3. L'équilibre de votre balance de stress est subjectif. Avez-vous conscience que votre interprétation des situations peut provoquer le déséquilibre ? Si vous êtes incapable d'y remédier, cherchez un coach ou un thérapeute spécialisé dans la psychologie cognitive.

4. Investissez-vous suffisamment dans votre système de soutien social, principal facteur d'augmentation de la résilience ?

5. Gérez-vous avec prudence votre créneau de contrôle de manière à ne jamais perdre le sentiment de garder votre vie sous contrôle ?

6. Vous octroyez-vous suffisamment de pauses et de sommeil ? Voir ci-dessous.

VOTRE BALANCE DU STRESS

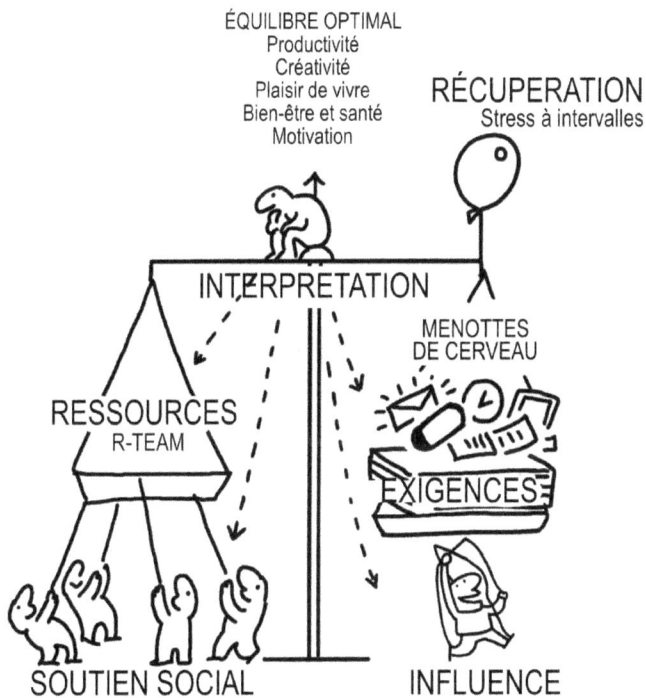

ÉQUILIBRE OPTIMAL
Productivité
Créativité
Plaisir de vivre
Bien-être et santé
Motivation

RÉCUPERATION
Stress à intervalles

INTERPRÉTATION

MENOTTES
DE CERVEAU

RESSOURCES
R-TEAM

EXIGENCES

SOUTIEN SOCIAL

INFLUENCE

Pour une meilleure gestion du stress, APPUYEZ SUR « PAUSE »

Si vous rencontrez des signaux indiquant que votre balance du stress est déséquilibrée, j'ai un conseil qui peut sauver votre vie : prenez l'habitude de toujours appuyez immédiatement sur « pause ». Il ne s'agit pas de prendre un long week-end ou de partir en vacances. Il vous suffit de marquer une pause pendant une minute. Cela ne se refuse sous aucun prétexte. Vous pouvez le faire à votre bureau, dans l'ascenseur, voire au milieu d'une réunion.

Pendant cette fameuse minute, réfléchissez aux deux graphiques que j'ai présentés dans les chapitres sur le stress.

Pensez au graphique expliquant comment nos performances varient en fonction des exigences qui nous sont imposées, et positionnez-vous sur le graphique. Votre position vous permet de comprendre **à quel point il est urgent** de rétablir l'équilibre. Pensez ensuite au graphique de la balance de stress et aux six domaines sur lesquels vous pouvez intervenir pour rétablir votre équilibre afin de décider de **l'action que vous allez entreprendre.**

Il existe parfois une solution immédiate, comme prendre sur-le-champ une pause plus longue. D'ordinaire, vous pourriez en conclure que vous avez besoin de plus de temps pour réfléchir à la situation et planifier ce moment de réflexion par la même occasion. Vous pourriez conclure que vous travaillez trop d'heures depuis trop longtemps et décider de rentrer à la maison plus tôt. Une conclusion possible est que la situation est en train de dégénérer et que vous allez prendre davantage de temps pour y réfléchir, ou pour avoir une conversation sérieuse avec votre patron, votre conjoint, etc. à propos des causes du déséquilibre de votre balance de stress Vous en découvrirez plus à ce sujet dans mes livres *BrainChains* et *Stress: Friend and Foe*.

UTILISEZ LE BOUTON PAUSE !
Une minute suffit !

Casse-chaînes n°4 : Accordez à votre cerveau LES PAUSES ET LE SOMMEIL qui lui sont nécessaires pour exceller

Pour permettre à votre cerveau archivant d'archiver, et à votre cerveau pensant de récupérer et de rétablir votre équilibre du stress, vous devez marquer une pause après chaque tâche exigeant réflexion, attention et concentration. Évitez de sauter le déjeuner ou de poursuivre le travail tout en déjeunant. Prendre une pause-déjeuner digne de ce nom en vous déconnectant du travail constitue un excellent investissement dans la quantité et la qualité de votre travail intellectuel.

Accomplir des heures supplémentaires n'augmente pas la productivité ou la créativité, bien au contraire. Terminez la journée de travail à l'heure pour vous permettre d'avoir un temps de récupération. L'état de connexion permanente entraîne le risque de voir disparaître toutes les frontières entre la vie professionnelle et la vie privée. Les conséquences négatives pour votre travail intellectuel dépassent de loin les bénéfices. De plus, cette situation génère un stress chronique incessant, ce qui devient un véritable poison. Si vous pensez vraiment devoir travailler le soir ou le week-end, pratiquez avec attention le traitement par lots à domicile.

Réaménagez votre vie en l'articulant autour des résultats des deux tests du sommeil expliqués ci-contre. Pour votre horloge interne, commencez par vous lever chaque jour à la même heure. Si vous avez besoin de plus de sommeil le week-end, couchez-vous plus tôt. Idéalement, planifiez le matin tout le travail intellectuel important, difficile ou complexe, après une bonne nuit de sommeil et avant de consulter vos messages. De cette façon, vous tirerez le bénéfice maximum du travail important réalisé par votre cerveau archivant durant votre sommeil en vue de vous préparer à la journée. Vous trouverez bien plus d'astuces dans *BrainChains*.

Combien d'heures de sommeil sont nécessaires pour votre santé?

Test 1. Les heures de sommeil dont vous avez besoin pour ne pas être dans l'obligation de récupérer pendant le week-end.

Test 2. Les heures qui vous suffisent pour passer votre journée de travail, lucide et en état d'alerte sans stimulants.

Sans stimulants
- Pas de caféine, pas de café, pas de thé noir ou vert, pas de « Coca-cola », pas de boissons énergisantes (mdr !), pas d'amphétamines, pas de cocaïne, etc.

Sans symptômes de manque de sommeil :
- Difficulté de se lever et de s'endormir ; impression de fatigue, endormissement, somnolence en conduisant (!) ; envie de prendre des petites sommes, envie de manger ou besoin de sucre après un repas normal, dormir plus pendant le week-end.

Sans symptômes relevant de l'activité cérébrale :
- Perte de concentration et troubles de mémoire ; manque de patience, de nuancement, de perspicacité, de jugement, de créativité, de gestion multitâche, de capacité de décision, de joie, d'enthousiasme, de désir sexuel ; dépression croissante et sautes d'humeur.

Attention :
- Pendant les 14 premiers jours d'abstinence de caféine, vous pouvez ressentir les symptômes de sevrage : manque de concentration, maux de tête, fièvre, fatigue.
- Vous devez seulement éliminer la caféine pour ce test, pas pour le reste de votre vie. Une fois que vous savez de combien de sommeil vous avez besoin, jouissez de l'équivalent de 2-3 tasses de café par jour ; pas plus et pas plus tard que quatre heures avant de vous coucher.

Casse-chaînes n°5 : passez à l'action pour des BUREAUX CÉRÉBROPHILES

Un bureau, ce n'est pas un coût supplémentaire, mais une ressource dans laquelle une société investit afin d'optimiser la productivité intellectuelle. Le cerveau est l'outil le plus important des employés de bureau pour atteindre une productivité optimale.

Pour concevoir un bureau, les cadres doivent connaître les consignes d'utilisation des travailleurs intellectuels et de leur cerveau.

Lors de l'aménagement du poste de travail de l'employé qui fait du travail intellectuel important, on doit tout d'abord prendre en considération sa focalisation, son attention et sa concentration, et non pas sa communication avec les autres employés. C'est en deuxième lieu que l'on va encourager la communication.

D'où l'importance capitale d'éliminer les dérangements indésirables, en particulier les nuisances sonores avec une mention spéciale pour les appels téléphoniques des collègues. Il existe un test simple : si vous entendez les appels téléphoniques des collègues, vous travaillez dans un bureau inapproprié à un travail intellectuel exigeant de la concentration.

Pour encourager durablement la productivité intellectuelle, un bureau flexible moderne doit avoir trois composantes fondamentales : 1. Une gestion flexible. 2. Des employés flexibles. 3. Un espace de bureaux flexible.

L'objectif est simple : les employés doivent toujours avoir à leur disposition un espace de travail adapté aux tâches qu'ils doivent exécuter. Il existe, de manière générale, quatre types de travail à exécuter dans un bureau : réfléchir, communiquer, collaborer et se récupérer. Il est crucial que ces fonctions ne soient pas regroupées dans un seul et même espace.

La pire erreur qu'une société puisse commettre est de prévoir le même espace pour les tâches nécessitant la communication et pour celles qui nécessitent la concentration.

Fonctions d'un bureau flexible:
Focus avant tout

	Tâches	Besoins	Aménagements
Réflexion concentrée	Travail intellectuel individuel concentré.	Intimité sensorielle, calme (!), lumière, familiarité, affaires personnelles à portée de main	Espace protégé des autres activités du point de vue visuel et acoustique, facile à personnaliser, fenêtres
Communiquer	Communications réelles et virtuelles = réflexion conjointe	Pas de distraction (visuelle et auditive)	**Protection acoustique excellente**
Collaborer	Réunions de groupe, discussions, présentations, conférences virtuelles, remue-méninges	Espace stimulant, beaucoup d'espace, bien aéré, lumière	Assez d'espace, fenêtres, bonne acoustique, outils et technologie didactiques. Ne pas déranger les autres.
Récupérer	Pauses: détendre et récupérer	calme → interactif → actif →	>"bibliothèque" >"coin café, salon" >"fitness, promenade"

Priorité : protégez la réflexion concentrée !
Ne la confondez pas avec les autres fonctions dans le même espace !

CE CONSEIL PEUT VOUS SAUVER LA VIE !
N'utilisez jamais le téléphone ou d'autres gadgets en conduisant !

Téléphoner au volant, et n'importe comment, est une pratique très dangereuse. Ce danger est tellement bien documenté que l'on peut se demander pourquoi la loi ne l'interdit pas. Lors d'une conversation avec les agents de la fonction publique, j'ai appris que les hommes politiques sont conscients du danger de l'utilisation du téléphone au volant, mais ils ne veulent pas instaurer d'interdiction totale parce que cette initiative ne rencontre aucun soutien public. L'horizon des hommes politiques se limitant aux prochaines élections, ils ne veulent pas priver les conducteurs de leur gadget préféré, même si son utilisation représente un danger du même niveau que la conduite en état d'ébriété.

De plus, les constructeurs automobiles et les sociétés qui se spécialisent dans les TIC exercent une forte pression sur ce genre de lois parce qu'elles réalisent des bénéfices à travers la vente et l'utilisation de ces appareils et ces logiciels dangereux. S'ils se souciaient davantage de notre sécurité que de leurs profits, ils proposeraient une fonction de désactivation automatique du téléphone au démarrage de la voiture, sauf pour les appels d'urgence. Ils devraient aussi placer l'assistant de navigation le plus près possible de l'axe de notre champ de vision et faire de sorte que l'on ne puisse pas le réinitialiser en conduisant.

Ainsi, en attendant que les voitures autonomes prennent le relais, vous devrez assumer vous-même la responsabilité de la vie des autres conducteurs, de vos passagers ou de la vôtre !

À propos : utiliser son téléphone sur un deux-roues ou en marchant n'est pas non plus une bonne idée. Les chercheurs qui étudient le comportement des piétons utilisateurs de téléphones les appellent les « zombies numériques » (*digital dead walkers* ou *digital zombies* en anglais). Entre 2005 et 2010, le nombre de piétons blessés parce qu'ils étaient au téléphone a augmenté de 600 % !

Pensons à L'AVENIR, apprenons l'utilisation correcte des technologies à NOS ENFANTS !

En commençant mes recherches, je pensais que c'étaient les nouvelles générations, incarnées par les « enfants du numérique », qui représentaient notre espoir pour l'avenir. Or, la surprise la plus triste était d'apprendre que la grande majorité de ces enfants étaient des consommateurs accros aux nouvelles technologies, et non pas des cadors du numérique.

Plus tôt et plus fréquemment ils s'attachent aux écrans de leurs gadgets, pire est leur performance dans tous les domaines de leur vie, y compris les activités multitâche.

Cela ne signifie pas que les écoles doivent jeter les TIC au rebut. Au contraire, elles doivent s'en servir. D'abord, c'est un outil éducatif potentiel. Ensuite, c'est un moyen d'apprendre à nos enfants à devenir maîtres, et non pas esclaves de ces supports technologiques avec un grand potentiel intellectuel mais aussi très addictifs.

D'une part, les écoles peuvent se servir des technologies dans un but éducatif pour personnaliser l'enseignement en fonction des besoins spécifiques des élèves, pour rendre les exercices plus amusants et pour transformer les enfants du numérique en champions du numérique, par exemple en leur enseignant la programmation informatique.

D'autre part, il faut que les enfants se rendent compte que l'état de connexion permanente et l'activité multitâche gâchent l'apprentissage. Les éducateurs doivent les démontrer à quel point les sociétés de TIC essaient de les rendre dépendants de leurs écrans. Leur objectif est celui d'expliquer aux enfants comment éviter ces pièges tendus aux consommateurs.

Dès le plus jeune âge, les enfants doivent comprendre qu'il existe une solution à ce problème : il faut séparer l'apprentissage et la consommation, et ce par l'application et par l'exercice continu du **traitement par lots**.

Le plus important pour assurer leur réussite et leur bien-être est de savoir comment protéger les lots d'étude et d'apprentissage de tous les dérangements émanant des réseaux sociaux.

Réalité matérielle de votre enfant

Réalité psychologique de votre enfant

Conclusion

Les FAITS SCIENTIFIQUES
essentiels sont simples

1. Votre cerveau pensant n'est pas capable de pratiquer l'activité multitâche : il ne peut prêter attention à une chose à la fois.

2. Si vous vous essayez au multitâche, votre cerveau pensant est continuellement aiguillé vers d'autres tâches.

3. Même si vous n'êtes distrait que par la plus infime des perturbations, chaque changement d'aiguillage diminue votre concentration, votre attention, votre mémoire, votre efficacité et votre productivité.

4. Votre cerveau pensant, humain et conscient, est lent et sujet à la fatigue, fragile et complexe. Il nécessite une bonne gestion, faute de quoi votre cerveau réflexe, inconscient et rapide, infatigable et robuste mais primitif et bestial, prendra trop de mauvaises décisions dans des situations importantes.

5. Votre cerveau archivant, qui est en concurrence avec votre cerveau pensant quant à la recherche du « temps processeur » de votre mémoire de travail, a donc besoin de multiplier les occasions qui permettent à votre cerveau pensant de se reposer afin de fournir au cerveau archivant l'espace et le temps nécessaires pour ranger l'information.

6. L'état de connexion permanente est générateur de deux sortes de technostress. D'abord à un niveau assez faible certes, mais chronique et nuisible à votre santé. Deuxièmement en diminuant la qualité et la quantité du travail que vous faites dans le temps disponible.

7. Même à un faible niveau, lorsqu'il est chronique, le stress négatif sape les meilleurs accomplissements de votre cerveau pensant relevant de la pensée abstraite, de la logique, de la capacité d'analyse et de synthèse de la créativité, de l'empathie, etc. Il cause également des troubles locaux, comme des douleurs musculaires et articulaires, et met en danger vos aptitudes physiques et votre santé.

8. Utiliser n'importe quel type de TIC en conduisant multiplie par 8 à 23 le risque d'accident.

9. La plupart des bureaux ouverts sont nocifs pour le travail cérébral et exercent un effet négatif sur la productivité intellectuelle et la santé des employés.

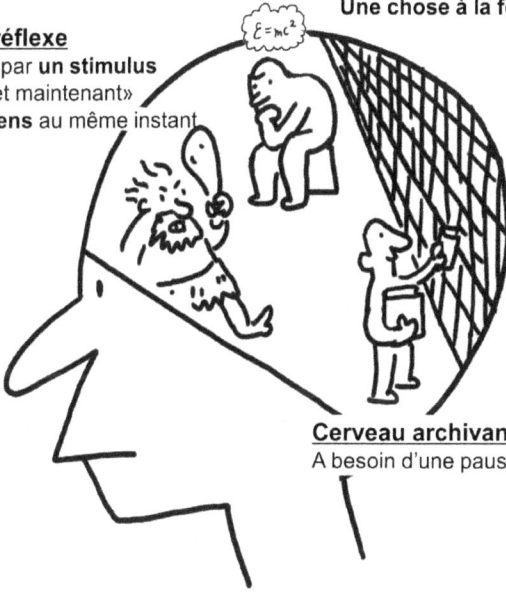

Cerveau pensant
Pensées abstraites
Libéré de l'«ici et maintenant»
Orienté vers **un objectif**
Une chose à la fois !

Cerveau réflexe
Déclenché par **un stimulus**
100% «ici et maintenant»
Tous les sens au même instant

$\varepsilon = mc^2$

Cerveau archivant
A besoin d'une pause

Cerveau du corps

Les SOLUTIONS sont simples, leur application est difficile au début.

1. Ne pratiquez pas l'activité multitâche, évitez radicalement et sans pitié le plus possible les aiguillages. Privilégiez le traitement par lots :

   a. votre travail qui nécessite de la réflexion,

   b. vos courriels et autres messages,

   c. vos conversations,

   d. vos tâches casse-pieds,

   e. vos responsabilités quotidiennes à la maison.

Traitez vos lots comme un professionnel, à l'aide des outils professionnels, et non pas à l'aide d'un smartphone ou d'une tablette. Marquez une pause après chaque lot pour archiver et récupérer.

2. Déconnectez-vous pour du travail qui demande de la concentration : éliminez toutes les distractions et les interruptions potentielles.

3. Déconnectez-vous pour bénéficier des moments de repos courts ou longs et des heures de sommeil suffisants

Cela est nécessaire :

   a. pour permettre à votre cerveau pensant de récupérer et de reprendre des forces pour prendre le dessus sur votre cerveau réflexe qui, lui, est infatigable,

   b. pour permettre à votre cerveau archivant de compiler les tas d'informations et de trouver les informations nécessaires à votre cerveau pensant pour prendre des décisions correctes, bien réfléchies, créatives et sages,

   c. pour permettre à tout votre corps de se détendre et de récupérer. Rappelez-vous : le bon stress est un stress à intervalles.

4. Vous pourrez sauver une vie, la vôtre peut-être, si vous arrêtez d'utiliser votre téléphone ou d'autres ICT en conduisant.

5. Évitez de faire du travail intellectuel non routinier dans des bureaux ouverts : collaborez, conspirez ou révoltez-vous pour obtenir des bureaux organisés de manière flexible et qui donnent la priorité à la concentration.

LES TROIS COMMANDEMENTS

1.
ÉRADIQUEZ LES COMMUTATIONS,
RADICALEMENT ET SANS MERCI.
2
DÉCONNECTEZ-VOUS
POUR RÉFLÉCHIR
ou pour avoir une vraie conversation.
3
DÉCONNECTEZ-VOUS
POUR FAIRE UNE PAUSE,
pour archiver et pour récupérer.

Pour sauver des vies, et peut-être la vôtre,
N'UTILISEZ JAMAIS AU GRAND JAMAIS
LES TIC EN CONDUISANT !

En lire plus

BRAINCHAINS. *Discover your brain and unleash its full potential in a hyperconnected multitasking world* **www.brainchains.info**

The Open Office Is Naked/How to design brain-friendly offices. **www.brainchains.info**, onglet « Free book »

Stress: Friend and Foe **www.compernolle.com**, onglet « Books and Tools »

Les traductions en Français seront annoncées sur le site **www.brainchains.info**

Si vous voulez être tenu au courant, envoyez votre adresse émail à **comments@brainchains.info**

Références

Vous pouvez trouver des centaines de références aux travaux de recherche qui sont à la base du présent ouvrage dans le livre *Brainchains* ou dans la bibliographie téléchargeable gratuitement sur **www.brainchains.info**, onglet « Free texts ».

Commentaires, réactions et questions

Merci de bien vouloir m'envoyer vos réactions, vos commentaires, vos corrections ou vos questions à l'adresse suivante : **comments@brainchains.info** .

Et encore des avis des lecteurs de BrainChains...

C'est épatant (et perturbant) que le sujet abordé par Theo soit si méconnu et/ou si peu soutenu par le monde des affaires... Pourtant, les pratiques de travail encouragées par les firmes, et notre société en générale, servent à gâcher notre QI, QE et QS et à favoriser le burn out, le potentiel inexploité et les sous-performances... Et l'hyperconnectivité de ces dernières années entraînée par le smartphone a amplifié le problème de manière exponentielle. Félicitations à Theo pour avoir abordé ouvertement cette question avec une analyse aussi documentée, réfléchie et compréhensible.

L. Watson

Excellent ouvrage. J'étais accro au « multitâche » et j'avais du mal à me concentrer sur des tâches plus longues... Je peux dire en toute honnêteté que ce livre a fait de moi une personne meilleure !

Il est rédigé d'une manière très compréhensible et contient des astuces pratiques sur la façon d'améliorer le fonctionnement et l'efficacité de son cerveau. C'est un genre de « Mode d'emploi de votre cerveau ». Comment l'utiliser correctement pour obtenir une productivité optimale sans stress...

Jose Rivero

À force d'être sans cesse bombardé de toutes sortes d'informations électroniques au quotidien, je me sens souvent perdu dans cet « univers des TIC ». Comment pouvons-nous vivre et qu'allons-nous vivre en tant qu'humains ? Ce livre m'expose un cerveau humain tellement puissant... Un regard à l'intérieur de mon cerveau m'a donné l'idée de récupérer le propre contrôle de ma vie, exactement selon les propos du dernier poème : Récupérez le temps pour aimer et être aimé, voilà la pierre angulaire du bonheur et de la résilience : la vôtre et la leur.

Wei TAO, Business Information Manager

Waouh ! J'ai acheté ce livre le 12/6 et il ne cesse de faire des va-et-vient sur mon étagère. Un aperçu épatant de notre cerveau, peut-être le meilleur ordinateur que nous n'aurons jamais le plaisir de posséder ! J'ai déjà beaucoup appris de ce livre universitaire divertissant. Révélateur.

S.A.W. Bristol UK

Un livre brillant qui explose tous les mythes absurdes à propos du multitâche.

10HS

... Un mélange de ses meilleures connaissances dans les sciences médicales et le développement en leadership, pour nous ouvrir véritablement les yeux sur la façon dont notre cerveau fonctionne (ou pas) dans notre nouvel environnement.

Serge Zimmerlin. Group Vice President

Le livre fut une révélation pour moi, et m'a aidé à mieux comprendre pourquoi les gens agissent comme ils le font dans un contexte de santé et de sécurité. Une lecture essentielle et facile pour des personnes à l'esprit pratique, désireuses de connaître le fonctionnement humain et les actions pouvant être entreprises dans la pratique afin de maximiser leur efficacité et de réduire l'erreur humaine.

Malc Staves, Global Health & Safety Director

... Les innovations qui fonctionnent sont retenues et prospèrent, mais certaines, comme l'informatique et l'hyperconnectivité, vont trop loin et menacent de devenir des phénomènes de fugue. Il a fallu la synthèse unique du Prof. Compernolle sur la science du cerveau, son expertise dans le comportement humain et ses compétences thérapeutiques pour fournir également des remèdes et pour progresser du « travail de la connaissance » de Drucker au « travail du cerveau » de Compernolle.

Prof. Jan Bernheim

Un INCONTOURNABLE pour les managers en général, mais surtout pour les responsables RH dans la mesure où la productivité en particulier des employés cols blancs est vraiment en danger dans le monde d'aujourd'hui connecté « n'importe où, n'importe quand ». Il existe une multitude de recherches et de preuves pratiques démontrant pourquoi nous ne devons pas user du multitâche, être connectés en permanence ou faire des sacrifices sur notre sommeil. Je compare l'impact de ce livre à *Shallows: what the internet does to our brains* de N.Carr.

J'ai immédiatement changé mes habitudes personnelles et j'incite maintenant aussi mon entourage professionnel et privé à en faire de même.

Philippe

Il est évident que notre meilleur outil pour travailler et vivre est notre cerveau, mais il nous arrive malheureusement souvent d'en oublier le mode d'utilisation correct. Theo, avec un humour désopilant, a trouvé la bonne façon pour m'ouvrir l'esprit et améliorer mes performances quotidiennes. La lecture de ce livre vous apprendra combien d'erreurs sont commises chaque jour en évitant d'utiliser notre cerveau correctement et combien de temps/d'argent nous pourrions épargner en étant à l'écoute des signaux de notre corps.

Ferdinand

« ... L'activité multitâche est impossible ! Le comprendre et l'accepter m'a aidé à me reconcentrer sur les tâches qui importent et à redécouvrir ma créativité. J'ai utilisé le bref test « MULTITÂCHE » lors de mes réunions dans notre société mondiale. C'est passionnant de voir partout le déclic, la révélation ! »

Dr Peter zum Hebel, Vice President

Un incontournable si nous voulons protéger ou recouvrer la pleine capacité de notre cerveau, notre productivité et notre créativité. Une sage leçon pour mieux maîtriser le nombre toujours croissant d'outils TIC addictifs, améliorant ainsi notre qualité de vie à la maison comme au travail, allant peut-être jusqu'à sauver des vies.

Enfin, un plaidoyer pour des relations plus directes et plus vraies dans le monde réel au lieu de perdre un temps précieux dans un monde virtuel essentiellement superficiel.

Prof. Gino Baron

Ce livre fournit un certain nombre de données importantes qui nous avertissent de nous poser des questions importantes sur nos habitudes et sur la façon dont nous gâchons nos sociétés, nos familles, notre santé et notre sécurité en suivant aveuglément les fabricants de gadgets divers. Vivement recommandé !

Vedran Vucic

Pages pour vos notes :

www.ingramcontent.com/pod-product-compliance
Lightning Source LLC
Chambersburg PA
CBHW062019200326
41519CB00017B/4842